이어령의 교과서 넘나들기

콘텐츠 크리에이터 **이어령** | 글·기획 **손영운** | 그림 **이세경**

과학편 4 세상을 바꾼 과학의 역사

살림

생각을 넘나들며 다양한 지식을 익히는 융합형 인재가 되세요!

우리는 지난 몇 년간 엄청난 변화를 겪었습니다. 과학기술과 정보통신기술의 비약적인 발전으로 인해 지난 시절 몇 세기에 걸쳐 누적된 삶의 변동보다 훨씬 더 크고 빠른 변화를 경험해야 했던 것이지요. 스마트폰 같은 디지털 기기들과 트위터, 페이스북 같은 소셜 네트워크 서비스들은 불과 1~2개월의 시간 동안 우리 삶의 방식을 일순간에 바꾸어 놓았습니다. 당연히 지난 시절에 유용했던 생각과 지식 역시 크게 달라질 수밖에 없습니다. 이럴 때 우리 아이들은 미래를 위해 무엇을 준비하고 공부해야 할까요?

저는 이런 이야기를 좋아합니다. 옛날 어떤 사람이 우연히 산속에서 신선을 만났습니다. 신선에게 소원을 말하면 들어준다는 말에 그 사람은 신선을 붙들고 놓아 주지 않았지요. 그리고 신선에게 말했습니다. "저기 저 바위를 황금으로 바꿔 주세요." 다급해진 신선이 지팡이를 휘둘러 커다란 바위를 황금으로 바꾸어 주었습니다. "이제 놓아다오." 그때 그 사람이 눈을 반짝이며 말했습니다. "소원이 바뀌었어요. 그 지팡이를 제게 주세요."

이 이야기는 단순히 고기 잡는 방법을 가르쳐야 한다는 말이 아닙니다. '황금'이라는 창조물에서 황금을 창조하는 '방법'으로 생각을 이동시킬 수 있는 능력이 중요하다는 말입니다. 우리 아이들이 주역이 될 미래는 다양한 방면으로 바라보고 가로지르고 융합할 수 있는 '생각의 능력'이 더없이 중요해지는 시대입니다.

콜럼버스의 일화를 소개할까요. 콜럼버스가 신대륙에 상륙했을 때 어딘가에서 새소리가 들렸습니다. 콜럼버스는 그 새소리를 종달새 소리라고 적었지만, 나중에 밝혀진 바로는 그곳에 종달새는 살지 않았답니다. 콜럼버스는 자신이 알고 있는 지식에 묶여 새(bird) 소리를 새(new) 소리로 듣지 못했던 것입니다. 이런 관습적인 사고가 과거의 생각 방식이었다면 이제 중요해지는 것은 '순환적인 사고'와 '양면적인 사고', 서로 다른 분야를 함께 생각할 수 있는 '복합적인 사고'입니다.

다행히 우리 민족은 이미 오래전부터 이런 사고방식을 부지불식간에 사용하고 있었습니다. 언어적으로 봐도 서양은 한쪽 면만 표현하는 반면 우리는 항상 양면성을 고려했습니다. 고층건물에 있는 '엘리베이터'는 그 뜻을 해석하면 이상합니다. '오르는 기계'라는 뜻이니까요. 우리는 '승강기'라고 씁니다. '오르내리는 기계'라는 뜻이지요. '열고 닫는다'는 뜻의 '여닫이', 나가고 들어온다는 뜻의 '나들이', 이런 어휘들은 양면적인 사고가 잘

반영되어 있습니다.

순환적 사고란 무엇일까요. 가위, 바위, 보에서 '가위'의 의미에 주목해 보도록 하지요. 바위와 보만 있는 세계는 항상 결과가 자명한 세계입니다. 모두 오므리거나 모두 편 것, 이 것 아니면 저것만 있는 세계에서는 다양함이 나올 수 없습니다. 그러나 '가위'가 있어서 가위, 바위, 보는 예측 불가능한 결과를 가져올 수 있는 다양성을 갖게 됩니다. 우리는 바로 그 '가위'와 같은 것을 상상해 내고 생각할 줄 알아야 합니다.

그러자면 서로 다른 분야를 넘나들면서 다양한 지식을 융합적이고 통섭적으로 습득해야 합니다. 쓰고 남은 천들은 버려지는 것이 아니라 조각보로 훌륭하게 다시 만들어질 수 있고, 배추 쓰레기가 '시래기'라는 웰빙음식으로 재탄생할 수 있게 만드는 지식의 습득과 활용이 필요합니다.

그렇게 자라난 우리 아이들은 과거와는 다르게 모두가 1등이 될 수 있는 사회에서 풍요로운 삶을 살 수 있을 것입니다. 저는 늘 이렇게 말합니다. "남다른 생각과 지식을 가지고 360도 방향으로 제각기 뛰어나가 그 분야에서 1등이 되어라. 옛날처럼 성적순으로 1등부터 꼴찌까지 줄 세우는 시절이 아니다. 그렇게 저마다의 소질과 생각에 맞는 분야에서 1등이 되어 손 맞잡고 강강술래를 돌아라. 그런 아름다운 세상에서 살아라."라고 말이지요.

스티브 잡스는 스탠퍼드 대학교의 엘리트들에게 이렇게 말했습니다. "Stay hungry, stay foolish!" 졸업하면 성공이 보장된 인재들에게, 그리고 최고의 지성으로 무장한 졸업생들에게 '항상 바보 같아라'라고 말한 것은 어떤 의미일까요. 기존의 지식으로 무장한 사람일수록 세상을 바꿀 뛰어난 생각은 바보같이 느껴진다는 의미가 아닐까요. 현재의 관점에서 불가능할 것 같고 황당하고 쓰임새가 없어 보이는 상상 속에 우리가 예측하지 못했던 엄청난 혁신과 가치가 숨어 있다는 것을 스티브 잡스는 말하고 싶었던 겁니다.

〈이어령의 교과서 넘나들기〉가 우리 젊은 학생들이 그런 행복한 미래(future)에 대한 비전(vision)을 갖는 데 꼭 필요한 융합형(fusion) 교양 지식을 익히고 생각의 넘나들기를 익힐 수 있는 좋은 계기가 되기를 바랍니다.

이어령

지식 대융합 시대의 창조적 교양인을 꿈꾸는 여러분께

현대 사회는 'T자형 인간'을 요구한다고 합니다. 'T자형 인간'이란 자기 분야는 물론이고, 다른 분야에도 깊은 이해가 있는 종합적인 사고 능력을 가진 사람을 일컫는 말입니다. 'T'자에서 '─'는 횡적으로 많이 아는 것을, 'I'는 종적으로 한 분야를 깊이 아는 것을 의미하지요.

왜 현대 사회는 T자형 인간을 원할까요? 그 이유는 21세기가 '지식 대융합의 사회'를 지향하고 있기 때문입니다. 현대는 하루가 다르게 새로운 개념의 첨단 전자 제품이 나오고, 그것이 우리의 지식 정보 전달 시스템을 통째로 바꾸고, 그 결과 문명의 방향이 달라지는 시대입니다. 이 변화무쌍한 현실을 이해하고 이끌어 나갈 수 있는 힘은 오로지 창조적이고 통합적인 상상력과 직관을 가진 'T자형 인간'으로부터 생산되기 때문입니다.

하지만 우리의 현실을 보면 앞이 아득합니다. 'T자형 인간'이 되어 21세기 대한민국을 이끌고 나가야 할 청소년들은 빡빡한 학교 수업과 학원 일정에 쫓겨 다람쥐 통의 다람쥐처럼 제자리 돌기만 하고 있습니다. 학교와 교과서를 통해 배운 지식을 단순히 입시 수단으로만 여기고 있습니다. 학교에서 배운 지식을 다른 지식과 잘 연결하고 융합시켜 지적 능력을 키우는 일에는 관심 밖입니다.

〈이어령의 교과서 넘나들기〉 시리즈는 안타까운 우리 청소년들의 지적 현실을 타개하기 위해 만든 책입니다. '5천 년 인류 문명이 이룩한 모든 교양을 만화로 읽는다.'는 생각으로 만화가 가지는 유머와 재미라는 틀 안에 그동안 인류가 축적한 다양한 지식을 담았습니다. 단순히 한 가지 학문만을 다루는 것이 아니라 다양한 학문이 통합된 융합형 교양 지식을 담아 청소년들이 현대 사회를 창조적으로 살아갈 수 있는 능력을 기를 수 있도록 만들었습니다.

앞으로 디지털, 과학, 문학, 심리, 경제 등 인류 문명의 토대가 되는 지식을 담은 재미있고 명쾌하지만 결코 가볍지 않은 멋진 만화책들이 차례로 독자들 앞으로 찾아갈 것입니다. 우리 청소년들이 이 책들을 읽고 '지식의 대융합 시대'를 선도하는 'T자형 인간'을 꿈꾸는 모습을 보기를 간절히 소망합니다.

기획 **손영운**

과학이란 자연 속에 숨은 규칙과 질서를 알아내는 과정

아주 오래 전부터 사람들은 복잡하고 무질서하게 보이는 자연 현상에 숨은 규칙과 질서를 탐구하기 위해 많은 애를 썼어요. 왜 그랬을까요? 한 번 생각해 보세요. 갑자기 화산이 폭발하고, 지진이 일어나 수천 명의 사람들이 다치고 죽는데 그런 일이 왜 일어나는지, 언제 다시 일어날지 알 수 없다면 얼마나 불안할까요? 그래서 우리가 '과학자'라고 부르는 많은 사람들이 끈질기게 자연 속에 숨어 있는 규칙과 질서를 탐구했어요. 덕분에 오늘날 우리는 부족하게나마 자연이 어떻게 변화하는지 그 원리를 알게 되었답니다.

〈이어령의 교과서 넘나들기-과학편〉은 이러한 과정을 재미있게 풀어 인간과 자연 사이에서 과학이 어떤 역할을 하고, 어떤 의미를 가지고 있는지를 다양한 시각으로 생각하기를 바라면서 썼어요. 이 책을 읽으면 여러분 모두가 과학자의 마음을 갖게 될 거예요.

불과 몇 십 년 전만 해도 과학은 특별한 사람들의 학문이었어요. 하지만 오늘을 사는 우리에게 과학은 생활 그 자체지요. 이 책을 읽고 여러분들이 과학에 대해 좀 더 친근한 마음을 가지고 건강한 미래를 설계하는 데 필요한 지혜를 얻게 되었으면 참 좋겠습니다.

글 손영운

진실을 밝히기 위해 애쓴 과학자들의 노력을 다시 한 번 생각하는 계기가 되었으면……

이 책을 작업하며 '과학의 역사'라는 길을 걸어 보게 되었습니다. 과학의 천재들이 살아왔던 길을 따라가면서 또 다른 과학의 정신과 기쁨을 알게 되었지요.

시대와 장소가 달랐고, 연구 분야가 달랐지만 진리를 탐구하기 위해 노력하는 모습은 많은 과학자들에게서 공통적으로 볼 수 있었습니다. 그들은 진리를 탐구하는 동시에 세상과도 싸워야 했습니다. 종교적 이념이나 사람들의 무지와 싸워나가는 그들의 모습에서는 숭고함이 느껴지기도 했지요.

고대 탈레스에서 시작하여 아인슈타인까지 우리가 현재 누리고 있는 과학적 지식과 기술에는 수많은 과학자들의 노력이 숨어 있었던 것입니다.

지금 어딘가에서도 수많은 과학자들이 여전히 베일에 싸인 자연의 이치를 밝히기 위해 구슬땀을 흘리고 있을 것입니다. 이 책을 읽으며 우리 삶에 깊숙한 곳에 자리한 과학과 과학자들의 노력에 대해 다시 한 번 생각하는 계기가 되었으면 합니다.

그림 이세경

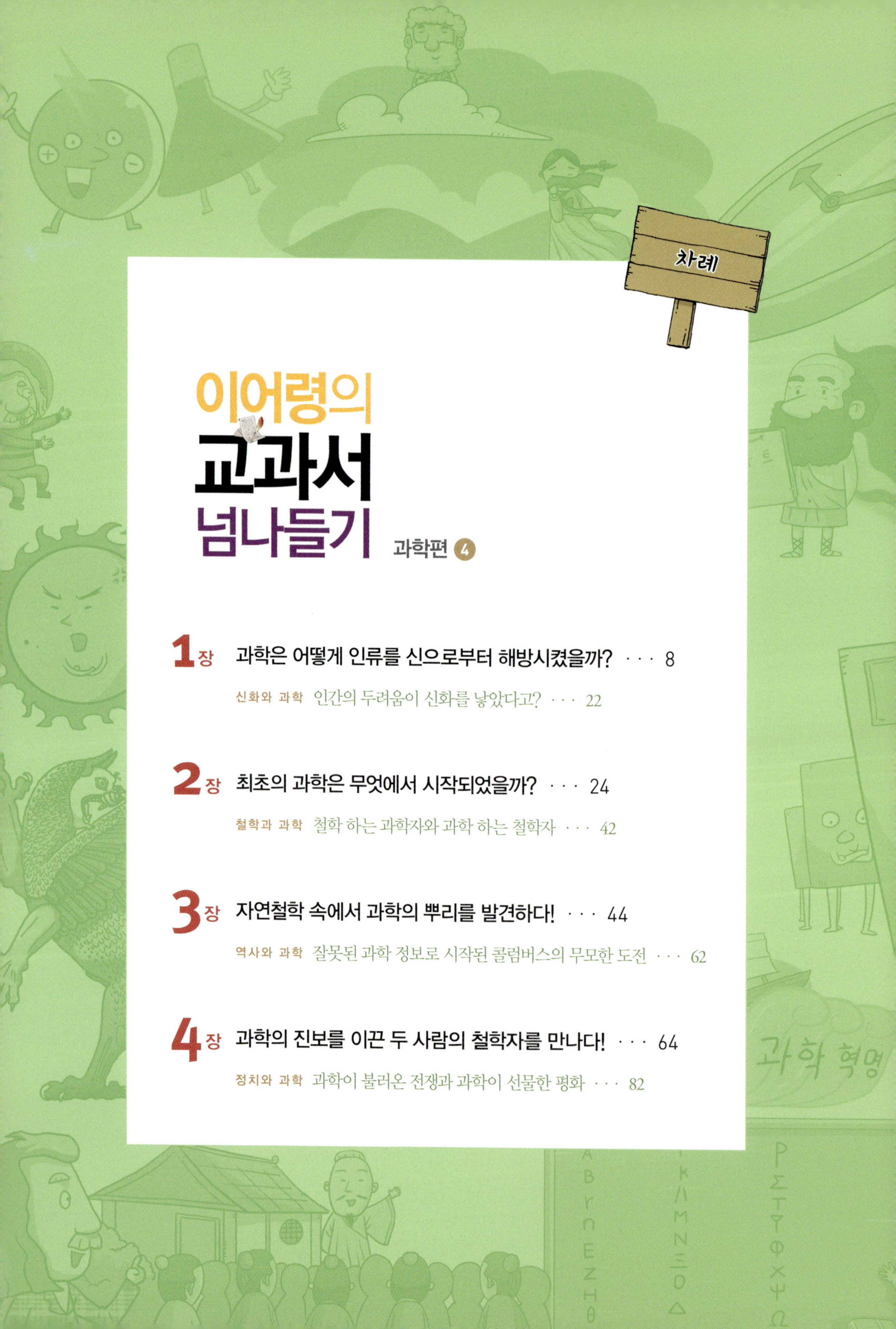

이어령의 교과서 넘나들기

과학편 ❹

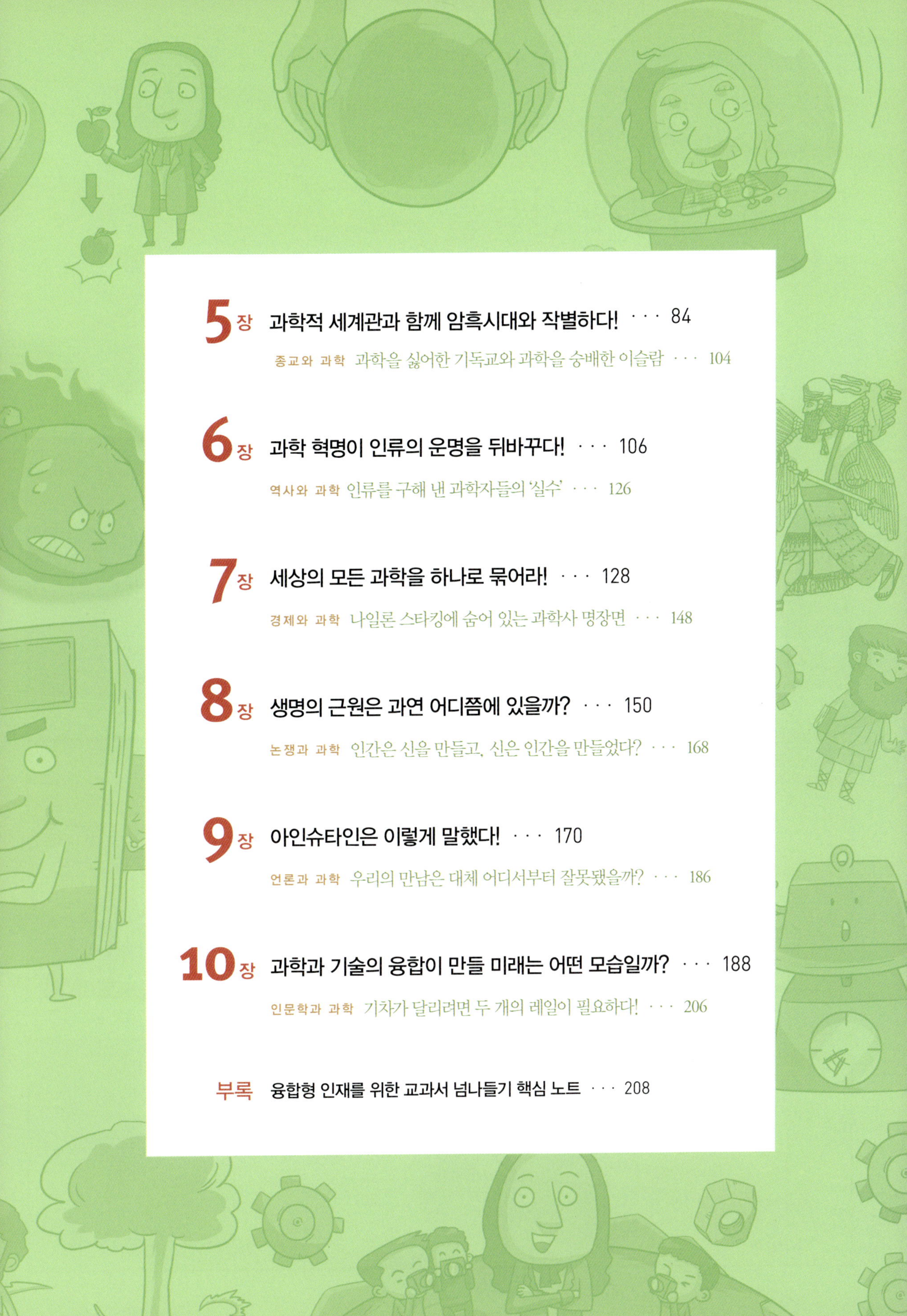

과학은 어떻게 인류를 신으로부터 해방시켰을까?

기원전 3000년 무렵
인류의 고대 문명 중의
하나인 나일 강 문명을
이룩한 이집트 사람들은

우주가 자신들이 사는 마을을 크게 부풀려
놓은 것과 비슷하다고 생각했어.
우주는 우리 마을 같아!
그들은 평평한 땅이 거대한 물 위에 떠 있고,
둥근 천장처럼 생긴 하늘에 세상을 밝히는 램프가
달렸는데, 그것이 태양이나 달이라고 믿었어.

또 우주는 상자 모양인데,

바닥은 땅이며 주변의 산들을
기둥으로 해서 그 위에 하늘이 있고

그 상자가 나일 강 위에 떠 있다고
생각했지.

이러한 우주관에서 비롯된 신화가 누트와 게브의 신화야.
하늘의 여신 누트와 대지의 신 게브가 하나로 붙어 있다가
분리되었다는 얘기지.
젯!
자기야~
응왜?

누트(Nut), 게브(Geb)

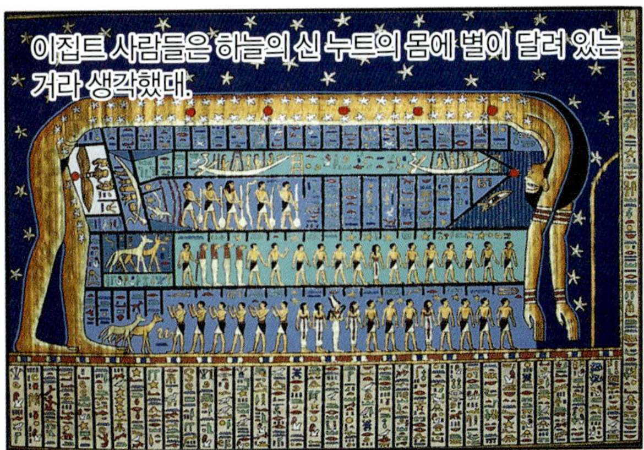

이집트 사람들은 하늘의 신 누트의 몸에 별이 달려 있는
거라 생각했대.

한편 지중해와 서아시아 사이에서 고대 문명을 이룩한 메소포타미아 문명에서는 또 다른 우주관을 볼 수 있어.

세상에 신들이 많아지고 복잡해지자 아프수는 티아마트에게 자손들을 없애자고 했어.

그 대화를 엿들은 에아는 아프수를 죽이고 그 위에 집을 지어 담키나와 함께 살았는데, 얼마 후 마르두크가 태어났지.

화가 난 티아마트는 괴물들을 만들어 자손들을 없애려고 했단다.

그러나 결국 티아마트는 아누에게서 강력한 능력을 물려받은 마르두크에게 죽게 되었어.

마르두크와 티아마트의 전쟁

마르두크는 티아마트의 시체를 둘로
나누어 반쪽은 하늘 높이 매달고
다른 반쪽은 발 아래 넣었는데,

이들이 각각 하늘과 땅이 되었다는 거야.

이러한 신화에 영향을 받은 메소포타미아 사람들은 하늘이
반원 모양으로 되어 있고 가운데가 높이 솟은 원형의 땅은
커다란 바다로 둘러싸여 있다고 생각했어.

그 천장 위에 여러 신들이 살면서
이 세상을 내려다보며 모든 일을
관장하고 천체를 운행한다는
생각을 했지.

어? 신!

이집트와 메소포타미아 우주관
모두 우주를 만들고
움직이는 건 신들이고,

하늘은 신들이 살고 있는 세상이며,

땅은 인간이 사는 세상으로
구별해서 생각했어.

에트나 산(Etna Mt.) : 이탈리아 시칠리아 동부에 있는 활화산.

그리스 신화와 로마 신화가 비슷한 이유는 무엇일까?

그리스는 군사력이 강한 로마에게 정복당했지만, 로마 사람들은 우수한 그리스 문화를 존중해서 그리스 신화를 그대로 받아들였어. 대신 제우스를 주피터로, 아프로디테를 비너스로 부르는 것처럼 신들의 이름만 자기 식으로 바꾸었지. 그래서 사람들은 그리스·로마 신화라고 부르기도 해.

옛날 사람들이 신 중심의 우주관을 가지게
된 이유는 무엇일까?
훗~

하늘, 즉 우주와 자연에서 일어나는 다양한 변화의 원인을
잘 알지 못했기 때문이었어.
오,
신이시여~.

그들은 화성이 매일 밤 일정한
간격으로 별 사이를 움직이고,
안녕~
지구야!
화성
안녕,
화성~.

번개가 천지를 밝히며 빛을 내고,
무섭게 천둥이 울리며,
쿠콰쾅

어느 날에는 갑자기 화산이
폭발하고,
쾅
이얍

온 세상이 흔들리는 지진이 왜 일어나는지
전혀 알 수가 없었어.
쿠콰쾅

갑작스러운 자연의 변화는 많은 사람들의
목숨을 앗아가는 대재앙으로 생각됐지.

사람들은 우주와 그 속에서 일어나는 자연의
변화에 무기력했어.
인간은
너무 무기력해.

작은 변화가 일어나도 두려움에 떨어야 했고,
신이 노했나 봐. 별이 떨어진다!!

앞으로 다가올 자연 재해를 대비할 수 없었어.

백성들의 두려움을 그대로 둘 수 없었던 지도자들은 뭔가 이유를 찾아야 했어.
백성들이 불안해 하고 있구나.

그렇지 않으면 두려움에 가득 찬 백성들이 지도자들의 말을 듣지 않고,
이게 다 왕 때문이야!!

그 책임을 지도자들에게 물어 저항을 했거든.
아니, 벌써!!

여, 여봐라!! 빨리 대책을….

그래서 지도자들은 우주와 자연의 변화가 초자연적인 존재 때문에 일어난다는 생각을 백성들에게 심게 된 거야.
쟤네 신들 때문이라고!

그래야 자신들이 져야 할 책임이 없어지거든.
휴… 살았다.

이런 생각은 매우 오랜 기간동안 사람들의 정신세계를 지배했어.
로또 당첨 번호 좀 가르쳐 주세요.
LOTTO

서양이나 동양의 구분 없이 모든 지역에서 보편적으로 있었던 일이었지.
Please, God!
LOTTO

우리나라의 신화나 옛이야기 속에서도 쉽게 찾아볼 수 있단다.
신화

대표적인 예로 눈이 먼 아버지의 눈을 뜨게 하기 위해 인당수에 몸을 던진 효녀 심청 이야기를 생각해 봐.
빨리 가자해!!
흑흑, 아버지!
청아!!!

심청이는 아버지 심 봉사의 눈을 뜨게 하기 위해 부처님에게 드릴 공양미 삼백 석과 자신의 목숨을 바꿔 용감하게 인당수에 몸을 던졌어.

이런 것을 인신공양이라고 해.
심청전
인신공양(人身供養): 사람을 신에게 제물로 바치는 의식.

만약 요즘에 이런 일이 일어나면 어떻게 될까?
심청전

파도가 거세다고 처녀를 바다에 빠뜨려 죽게 하면 세계 토픽감에 나올 거야.
HD
뉴스 속보

뱃사람들은 인신매매와 살인죄로 감옥에 갔을 거고, 네티즌들의 공격도 엄청났겠지.

아즈텍 문명(Azteca, 1248년~1521년)

그런데 그들은 태양이 언제나 밝게 빛나게 하기 위해서는 매일
인간의 뜨거운 피와 살아 있는 심장을 바쳐야 한다고 믿었단다.
으악~

불을 계속 태우기 위해서 나무가 필요하듯
태양이 꺼지지 않고 영원히 빛을 내기 위해서는

젊은 청년의 붉고 싱싱한 피가
필요하다고 믿었던 거지.

그들은 매일 산 채로 청년들의
심장을 도려내어 태양신의 제단에
바치는 일을 했던 거야.

태양신에게 심장을 바치는
의식은 신성한 일로 여겨져서,

당시에 심장을 바치며 죽어 갔던
청년들 중에는 자랑스럽게 여기는
경우도 있었다고 해.

이 이야기를 소재로 만든 영화도 있어. 16세기 초 남미 유카탄 반도를 배경으로 하는 영화야.
멕시코 만
유카탄 반도

어느날 숲 속의 평화로운 마을에 잔인한 전사로 구성된 침략자들이 들이닥쳤어.
꺄악

그들은 마을을 파괴하고 부족민들을 학살한 후, 마을의 젊은 남자와 여자들만 그들의 왕국으로 끌고 갔지.

끌려간 청년들은 왕국의 제단에서 침략자들이 섬기는 신에게 산 채로 바쳐졌고, 사람들은 붉은 피와 죽음을 보고 열광했지.
와아!

우리에게는 〈러셀 웨폰〉 시리즈로 유명한 배우 멜 깁슨이 2006년에 제작한 영화 〈아포칼립토〉가 바로 그 내용을 다룬 영화야.
훗
기록에 의하면 실제로 아즈텍 사람들은 1년에 약 2만 명의 사람을 제물로 바쳤다고 해.

가뭄이 들면 태양신이 노했다고 생각해서 사람을 제물로 바치며 기우제를 지냈고,

비가 오면 자신들의 정성이 신을 감동시켰기 때문이라고 믿었어.

비가 올 때까지 기우제를 지낸 것임을 모르고, 기우제 덕분에 비가 온 것이라고 생각한 거지.

그런데 지금은
사람들의 생각이
완전히 달라졌지?

요즘은 문명의 수준이
아무리 낮은 곳이라도
인신공양 같은 일은 일어나지 않아.
우린 해치지 않아요.

파도가 심하게 친다고 해서
처녀를 바다에 빠뜨리지 않고,
으악, 파도가 높아!!

태양의 활동을 활발하게 만들겠다고
청년의 붉은 심장을 바치지 않아.
왜 오늘날에는 일어나지 않을까?
우와, 일식이다!!
사진 찍어서 남겨 놔야지~.
찰 칵~

이유는 간단해.
그건 사람들이 진실을
알게 되었기 때문이야.

자연현상의 원인이
신이 아닌 것을 알게 됐고,
지금이 어떤 때인데….
오 신이시여 비 좀 내려 주세요

자연이 어떻게 변화할지도
예측할 수 있게 되었거든.
이게 다 기상청 때문이야.
기상청에서 알려드립니다.

그러면 언제부터 이렇게 사람들의 생각이 바뀌었을까?

누가 진실을 알려 주었을까?

그것은 바로 과학이야. 인류가 과학을 하게 되었기 때문이지.

수많은 과학자들이 자연과 우주의 변화를 살피고 연구하여 그 실체를 알게 되었기 때문에,

사람들이 두려워했던 많은 일들이 신이나 자연의 노여움으로 인해 생긴 일이 아니라는 것을 깨닫게 되었어.
기상청 덕분에 살았네, 휴우!

하지만 과학이 하루 아침에 진실과의 싸움에서 이긴 것은 아니야. 그 속엔 수많은 과학자들의 땀과 노력이 담겨 있단다.

인간의 두려움이 신화를 낳았다고?

신화를 뜻하는 'mythes'라는 단어는 '말'을 의미하는 그리스어 'muthos'에서 나왔어. 그러니 신화는 '옛 사람들이 전하는 말'이라고 할 수 있을 거야. 신화를 생각했을 때 가장 먼저 떠오르는 것은 그리스 신화야. 오랜 세월 동안 그리스 사람들은 다양한 신을 만들었고, 신들이 벌이는 여러 일을 이야기로 꾸며 흥미진진한 신화를 만들었지. 그리스 신화 앞부분에 신들의 왕 제우스가 아버지인 티탄족 크로노스와 전쟁을 벌이는 이야기가 나와.

제우스의 아버지인 티탄족(덩치가 매우 큰 거인 신) 크로노스는 태어나는 자식들을 모두 잡아먹었다. 때문에 제우스는 자신이 살고, 형제들을 살려 내기 위해서 아버지를 없애야 했다. 제우스는 크로노스에게 약을 먹여 형제들을 모두 토하게 만든 후, 형제들과 함께 아버지와 그의 동료인 티탄들과 전쟁을 벌였다. 결국 제우스가 승리하여 크로노스와 티탄을 몰아내고 신들의 왕이 되었다.

하지만 조용히 물러날 티탄들이 아니었다. 그들은 제우스에게 보복을 하기 위해 힘을 모아 전쟁을 일으켰다. 제우스는 무한 지옥에 갇혀 있던 외눈박이 거인 삼형제와 손이 백 개 달린 백수 거인 삼형제를 구해 주고, 이들과 한편이 되어 티탄 반란군을 섬멸하였다. 제우스는 이때 사로잡힌 반은 사람이고, 반은 동물인 거대한 괴물 티폰을 에트나 산 밑에 묻었다.

그리스인들은 왜 이런 신화를 만들었을까? 왜 하필이면 제우스가 티폰을 에트나 산 밑에 묻었다고 했을까?

그 옛날 에트나 산은 자주 흔들리고, 산 정상에서 화산이 폭발하고, 뜨거운 용암이 흘러 나왔어. 신화시대를 살던 그리스 사람들도 에트나 산이 폭발하는 원인이 땅 속에 있다는 것을 알았지. 땅이 갈라지면서 돌덩어리와 연기 그리고 시뻘건 용암이 꾸역꾸역 흘러나오는 것을 그들의 눈으로 보았기 때문이야. 하지만 그 이유는 알 수 없었어. 땅 속에서 도

크로노스가 자신의 자식을 잡아먹고 있다(루벤스, 1636년).

대체 무슨 일이 벌어지기에 이처럼 무시무시한 것들이 솟구쳐 나오는가를 아무도 설명할 수 없었지.

그때 누군가 에트나 산이 폭발하는 이유는 제우스가 에트나 산 밑에 묻은 티폰이 도주하려고 지금도 몸부림치기 때문이라고 말했을 거야. 그 말을 들은 그리스 사람들은 안심을 했겠지. 이야기의 옳고 그름을 떠나 그 이야기가 에트나 산에서 지진이 일어나고 화산이 폭발하는 까닭을 설명해 주었기 때문이야. 원인을 알 수 없어 더욱 두려웠던 화산의 실체를 이제는 '알게' 된 거지. 이렇게 만들어진 신화에 티폰의 움직임만으로 설명되지 않던 화산 폭발을 설명하기 위해 헤파이스토스의 이야기가 더해진 거야. 이처럼 신화는 점점 정교한 이야기로 발전해 나갔어.

화산활동 중인 에트나 산.

이 이야기를 통해 자연에 대한 두려움이 신화를 창조하는 계기가 되었음을 알 수 있어. 인간은 거대한 우주 앞에서 지극히 작은 존재이기 때문에 두려움을 불러일으키는 자연과 우주의 현상들에 대한 설명을 만들어 내서 안심할 필요가 있었어. 미지에 대한 두려움을 극복하려는 노력은 신화를 낳았고, 신화는 과학으로 발전했어. 그래서 어떤 신화학자는 '신화는 세상의 일들이 어떻게 일어나는가를 설명하려는 최초의 서툰 시도'라고 말하기도 했단다. 다시 말하면 신화는 과학의 조상이 되는 셈이지.

2장
최초의 과학은 무엇에서 시작되었을까?

지금으로부터 약 2,600년 전, 그리스의 식민지였던 밀레토스라는 곳에 탈레스라는 사람이 살고 있었어.

장사를 하는 귀족 집안에서 태어난 탈레스는 많은 재산을 물려받았단다.

탈레스(Thales, 기원전 624년경~기원전 546년경)

그런데 그는 몹시 엉뚱했지.

그의 엉뚱함은 물려받은 재산을 사용하는 것에서부터 시작되었지.

우리들이라면 좋은 집을 사거나 맛있는 음식을 먹거나 옷을 사는 데 썼을 거야.

하지만 탈레스는 달랐어. 그는 이집트나 바빌로니아 같은 곳에 가서
이집트

새로운 지식을 배우는 데 재산을 몽땅 다 날려버렸거든.

이집트와 바빌로니아를 돌아다니며 사교육비로 엄청나게 많은 돈을 팍팍 쓰면서 새로운 지식을 배우고 난 후,
바빌로니아

평생 빈털터리 가난뱅이로 살았지.

그래도 그는 금보다 더 소중한 지식을 머리에 담았다고 생각했기 때문에 결코 후회하지 않았어.
하하하

어느날 탈레스는 태양이 달에 의해 가려져 세상이 까매지는 일식 현상을 정확하게 예측했고, 사람들은 그를 뛰어난 예언자라고 칭송했단다.

하지만 사실 그는 바빌로니아의 천문학자로부터 배운 일식 예측 계산법을 이용했을 뿐이었지.
하하.. 그게 아닌데..

그러니까 그는 예언자가 아니라 과학자였어. 그는 '이 세상은 무엇으로 만들어졌을까?'라는 문제의 답을 찾기 위해 애를 썼지.

그래서 주위 사람들은 그를 '하루 종일 생각만 하는 사람'이라고 놀리기도 했어.
…

탈레스는 밤새도록 하늘의 별을 관찰하다가 그만 발을 헛디뎌 우물에 빠지기도 했어.
풍덩

그 꼴이 얼마나 한심했던지, 나이 어린 하녀가 탈레스를 놀릴 정도였어.
발밑 좀 보고 다니세요~

그렇지만 그는 주위의 놀림을 신경 쓰지 않고 늘 밤이 되면 하늘을 열심히 쳐다보았어.

이런 그를 우리는 '인류 최초의 과학자'라고 하지. 훗~

과학자라고 하면 현미경으로 세포를 들여다보고, 밤새워 화학 실험을 하는 근사한 모습이 떠오르는데,

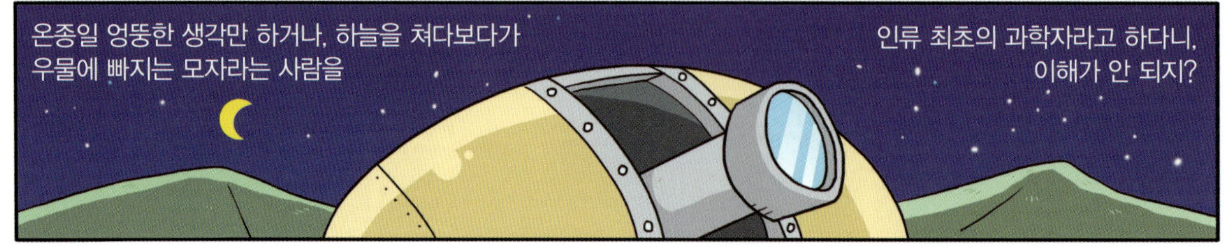

온종일 엉뚱한 생각만 하거나, 하늘을 쳐다보다가 우물에 빠지는 모자라는 사람을
인류 최초의 과학자라고 하다니, 이해가 안 되지?

하지만 그가
인류 최초의 과학자인 것은
엄연한 사실이야.

탈레스가 오늘날 너희들이
학교에서 배우는 골치 아픈
과학이라는 학문을 처음으로
만들었거든.
…
과 학

어때,
탈레스 대단하지?
과학

왜 그를 최초의 과학자라고 할까?
과학

탈레스는 세상을 과학의 눈으로 바라본
최초의 사람이었어.
I belive ~
I can fly ~

그는 다른 사람들과는 다르게
현상의 원인을 찾으려고 하면서
비는 왜
오는 걸까?

땅과 하늘과 우주를 바라보았지.

그래서 그를 최초의
과학자라고 하는 거야.

탈레스는 같은 시대에 살던 사람들이 자연의 변화를
신의 탓으로 돌렸을 때,
콰과쾅!!

자연의 변화는 신의 뜻에 의해 일어나는
것이 아니라
흠~

우리가 잘 알지 못하지만 분명히
근본적인 이유가 있을 거라고 생각했어.
그래, 뭔가
이유가
있을 거야!

우물에 빠져가면서
하늘을 쳐다본 것도

태양과 별, 그리고 달이
어떻게 만들어졌으며,

우주와 이 세상이 무엇으로
이루어졌는지에 대한
답을 얻기 위해서였단다.

저 별들은
어떻게
만들어질까?

그래서 그가 얻은 결론은
'이 세상 만물은
모두 물로
만들어졌다'는
거였어.

모든 물질이 원자로 이루어졌다는 것을 알게 된
현재에는 유치한 이야기일 수 있지만
Ti
O
Fe
N
He

당시의 그리스 사람들에게는
엄청난 발상의 전환을
가져다 주는 생각이었지.

그 주장은 신이 세상을
만들었다는 사람들의 믿음을
부인하는 말이었기 때문에,
웅성
웅성

이것은 신성모독이었고,
화르르~

당시의 가치관을 완전히
뒤집는 말이었어.
가치관

만약에 그가 이런 말을 다른 나라에서 했다면
살아남지 못했을 거야.
으헉~

하지만 다행히도 탈레스가 살던 밀레토스는
새로운 사상에 너그러운 분위기였어.
밀레토스는 그리스의 식민지였는데

밀레토스 유적지

그리스의 지도자들은 국민들이
자유롭게 생각하고 일할 수 있는
자유를 주었어.
자 유
와와
와아

민주주의의 고향이 그리스라는 사실을 통해서
충분히 짐작할 수 있지.
민주주의

또 밀레토스는 항구 도시로 무역의 중심지였고
용감한 항해자와 탐험가들이 많았기 때문에,

새로운 생각을 존중하는 마음을
가지고 있었지.

이처럼 사람의 생각은 사회의 분위기에 영향을 많이 받아.
반대로 한 사람의 생각이 사회를 변화시키기도 하지만 말이야.

이런 분위기는 탈레스에게는 무척 다행이었어.
우리에게도 잘된 일이지.

한번은 그가 자연의 진리를 알기 위해서 여행을 하던 중의 일이었어.

책상머리에 앉아만 있으면 살아 있는 지혜를 구할 수가 없거든.

그는 여러 곳에서 사람들에게 과학과 수학의 힘을 보여 주었는데, 어느 날 어떤 사람이 피라미드의 높이를 재기 위해 몹시 애를 쓰는 것을 보았어.

탈레스는 힘겹게 피라미드의 높이를 재고 있던 그에게 다가가 말을 걸었지.
이보시오, 피라미드의 높이를 알고 싶소?

'나의 그림자가 내 키와 같아지는 순간에 피라미드 그림자의 길이를 재면 피라미드의 높이를 알 수 있소'라며 그에게 피라미드의 높이를 정확히 잴 수 있는 원리를 가르쳐 주었어.
피라미드 길이
내 키
피라미드 높이
그림자 길이

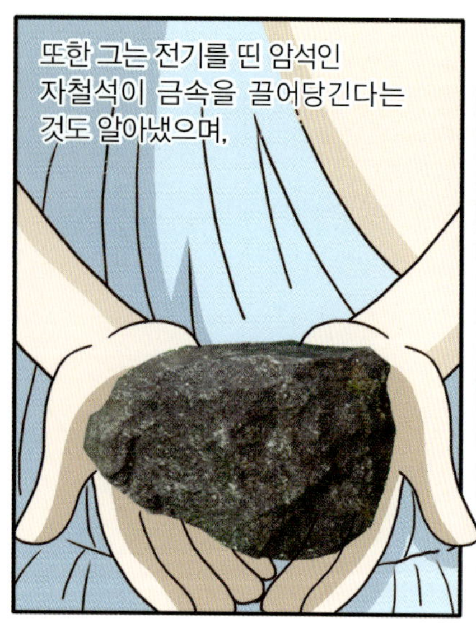

작은곰자리(Ursa Minor)

그런데 탈레스가 일식이 일어난다고 한 날에 정말로 하늘이 어두워졌어. 병사들은 깜짝 놀라 전쟁을 멈추었지.
탈레스 말이 사실이잖아!
이를 어째!!

병사들은 일식을 신이 보낸 괴물이 해를 삼켰기 때문이라 여기며, 태양을 구하기 위해 하늘을 향해 활을 쏘고 물을 뿌리는 등 난리법석을 피웠어.
휙
휙

결국 두 나라는 계속 전쟁을 했다가는 신의 노여움을 살까 봐 전쟁을 멈추었지.
…
…

과학을 잘 몰랐던 시절의 이야기야.

일식은 지구와 태양 사이에 달이 끼어들어 달이 태양을 가리기 때문에 일어나는 일인데 말이야.

와아~
와아~
으쓱
탈레스는 바빌로니아를 여행하면서 칼레아 사람들에게 배운 일식의 원리를 활용한 것이지. 그 후 사람들은 그를 '지혜로운 탈레스'로 불렀어.

탈레스는 과학적인 관찰과 수학적인 계산의 결과로 일식을 예상했을 뿐이지만,

사람들은 그가 신의 노여움을 미리 알아낸 사람이라 믿었기 때문에 그를 칭송했지.
와아~

언제나 생각의 중심을 신이 아니라, 사람과 자연에 두었던 탈레스는
사람
자연

어느 날 운동 경기를 보다가 잠이 들듯 세상을 떠났단다.
툭

하지만 그의 생각과 정신은 죽지 않았지. 탈레스의 뒤를 이어 자연과 우주와 인간을 연구하는 과학자들이 계속해서 과학을 발전시켰기 때문이야.

나는 지구가 물에서 만들어졌고, 하늘의 수많은 별과 태양과 달은 물의 소용돌이로 생긴 바람에 의해 만들어졌다고 했지~.

한편 탈레스가 활동하던 시대에 당시 동양의 중심지였던 중국에서는 공자를 중심으로 유가사상(儒家思想)이 싹트고 있었어.

공자(孔子, 기원전 551년~기원전 479년)

유가에서 강조하는 사상들은
대부분 사람 사이의 관계와
사회의 문제를 다룬 것들이었지.

유학의 가장 큰 목적은 이상적인 사회를 만드는 일이었기 때문에, 하루빨리 인간을 착하게 만들어 사회의 질서를 유지하는 게 중요했지.
착한 사람들로 만들어 드립니다.

유가와 함께 고대 중국의 가장 대표적인 사상이자, 성격이 전혀 달랐던 사상이 있어.
유 가
유 가

그건 바로 노자(老子)를 시작으로 발전한 도가사상(道家思想)이야.
나 노자

공자의 유교가 인간을 강조했다면,
공자
노자의 도가는 자연을 강조했어.
자연이 짱

도가에서는 인간이 행복해지려면 자연으로 돌아가는 길밖에 없다고 생각했거든.
난 자연에 사니까 행복한 건가?

그래서 도가의 학자들은 자연에 깊은 관심을 가지고 자연의 변화에 대해 많은 것을 연구했어.

현존하는 의학서 중 동양에서 가장 오래된 『황제내경』이라는 책도 도교의 사상이 많이 들어 있다고 해.

그러나 도가는 세월이 지남에 따라 신선이 되는 방법이나 불로장생을 추구하며 신비주의적인 경향이 짙게 바뀌는 바람에,
도가사상

자연을 연구하는 학문이 아니라 중국의 토착 종교가 되었어.

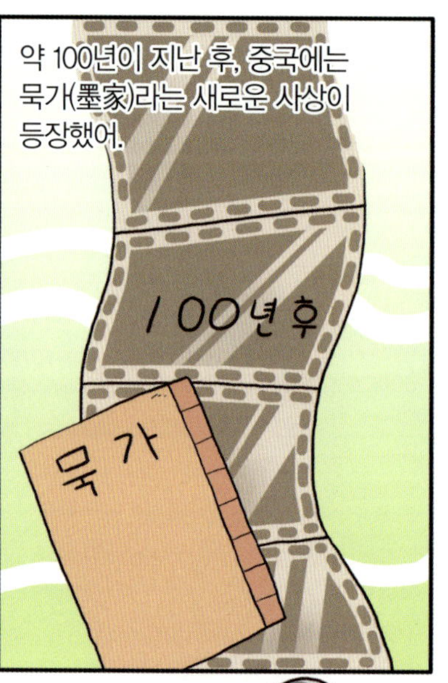

약 100년이 지난 후, 중국에는 묵가(墨家)라는 새로운 사상이 등장했어.
100년 후
묵가

묵자(墨子)
묵자는 기원전 470년~기원전 391년 무렵에 활동했던 중국의 철학자로, 자신과 자기 나라를 사랑하듯 이웃과 이웃나라를 사랑하자는 생각으로 전쟁을 매우 싫어했던 인물이야.

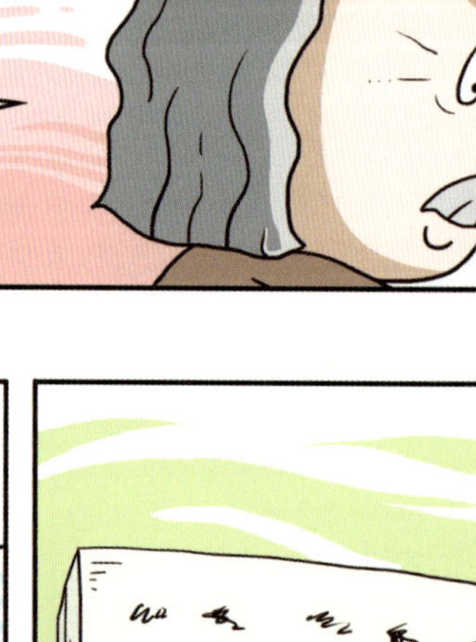

묵가의 학자들이 만든 『묵경』이라는 책을 보면 이런 구절이 있어.

운동하는 물체가 정지하는 것은 움직임에 반대하는 힘이 있기 때문이다.
묵경

이 힘에 반대하는 힘이 없다면 운동하는 물체는 영원히 멈추지 않을 것이다. 이것은 소가 말이 아닌 것처럼 명백한 사실이다.

어때? 어디서 들어 본 기억이 나니?

이것은 관성에 대한 이야기야.
관성이란, 운동하는 물체가 원래 자신이 하던 운동을 계속 하려는 성질을 말하지.
관 성

버스가 앞으로 가다 멈추면 그 안에 있던 우리 몸이 계속 앞으로 나가려고 해서 몸이 앞으로 쏠리지? 반대로 버스가 갑자기 출발하면 정지해 있던 우리 몸이 뒤로 넘어지려고 하는 것, 그게 관성이야.
끼 이 익!!

서양에서 관성에 대한 연구가 이루어진 건 약 18세기부터였는데, 중국에서는 그보다 약 2,000년을 앞서서 묵가의 학자들이 연구했다는 거야.

묵가의 학자들은 이외에도 놀라운 과학적 발견을 많이 했지.

당시 백성들을 괴롭혔던 전쟁을 빨리 끝내기 위해 무기에 관심을 많이 가졌어.

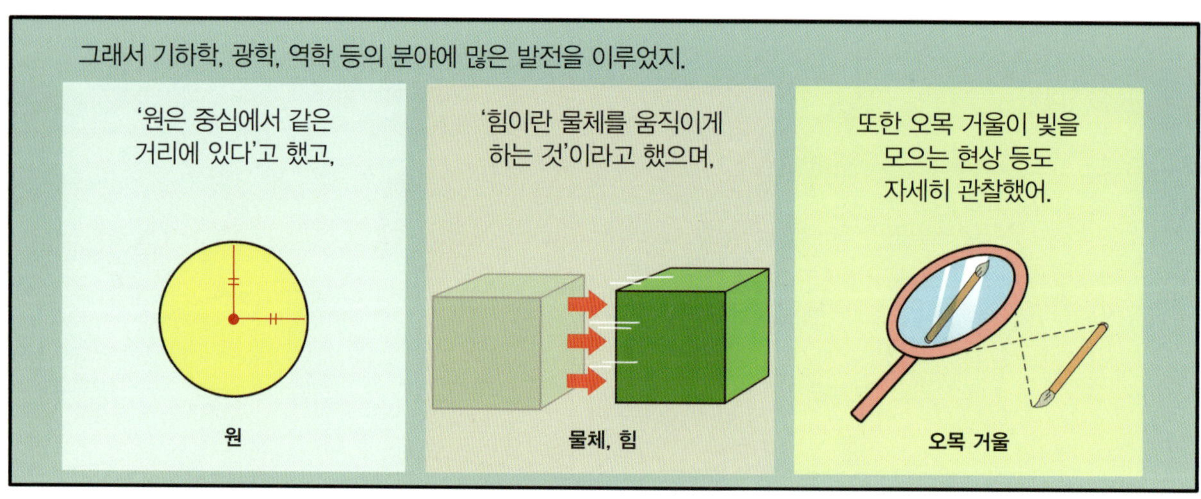

그래서 기하학, 광학, 역학 등의 분야에 많은 발전을 이루었지.
'원은 중심에서 같은 거리에 있다'고 했고,
'힘이란 물체를 움직이게 하는 것'이라고 했으며,
또한 오목 거울이 빛을 모으는 현상 등도 자세히 관찰했어.
원
물체, 힘
오목 거울

그러나 당시의 과학적 발견들은 여러 사건들로 인해 많이 없어졌어.
화르르

뿐만 아니라 종이, 나침반, 화약 등으로 상징되는 중국의 과학 기술들 역시 널리 보급되지 못하고 말았지.
화약
종이
나침반

그것은 유가사상을 중심에 둔 중국의 사회 분위기 때문이야.

중국 사람들은 전통적으로 글과 철학을 높이 여겨 이를 공부하는 문관들을 존중하고,
꾸벅

과학과 기술을 공부하는 사람들을 무시했어.
휙

또 중국의 지배층은 자신들이 세상의 중심이라는 '중화사상'에 젖어 있어서,
중화사상

중국이 이 세상의 중심이며 가장 크고 강한 나라라고 생각했으니, 바다 건너 다른 나라에 관심이 생기질 않았지.

결국 19세기 말 과학 기술로 무장한 서구의 열강들에 의해 만신창이가 되는 수모를 당하게 된단다.

탈레스가 살았던 그리스와 공자, 노자, 묵자가 살았던 중국을 비교해 보면
공자 노자 묵가

과학의 탄생과 발전은 사회의 여러 가지 분위기에 크게 좌우된다는 것을 알 수 있단다.

철학 하는 과학자와 과학 하는 철학자

　인간의 본질 중 하나는 생각하는 일이야. 그래서 인간을 정의할 때 '생각하는 존재(호모 사피엔스;Homo sapiens)'라는 명제가 붙는 것이고. 인간이 생각하는 일을 하기 위해서는 조건이 필요했어. 바로 노동으로부터 자유로워져야 했지. 인간이 하루 종일 먹고사는 일에만 몰두한다면 사물의 근원을 탐구하는 깊이 있는 사고는 하기 어렵기 때문이야.

　누구나 들판에 나가 사냥을 하고 농사를 지으며 살다가, 약 2,700년 전쯤부터 군인, 종교인, 농부, 대장장이 등으로 직업의 분화가 이루어졌어. 물론 빈부 차이도 생겼겠지. 그중 생활에 여유가 있는 상류층 몇 사람이 깊은 사색에 빠졌어. 그들은 자연을 이해하려 했고, 인간을 탐구했으며, 우주의 근원을 알고자 했지. 그런 경향이 나타난 대표적인 곳이 그리스였어. 그리스 사람들의 이러한 행위는 '앎(지혜, 知慧)에 대한 애정'으로 나타났고, 그들은 이것을 'philosophia'라고 불렀어. 'philosophia'는 '사랑하다'는 의미의 Philos와, 지혜라는 의미의 Sophia를 합친 말이고 우리는 이것을 철학이라고 번역했어.

　사람들은 최초의 철학자로 그리스의 탈레스를 꼽아. 탈레스는 신화시대 때와는 달리 자연현상의 원인을 초자연적인 현상이 아닌 자연 안에서 찾고자 애를 썼기 때문이야. 당시에는 특별히 철학과 과학이 구별되지 않고 과학과 철학의 방법이나 원리 등이 서로 뒤섞여 동시에 수행되었어. 과학적 탐구 대상에서도

철학과 과학을 간단하게 구분하는 방법

　과학이란 이 세상에 존재하는 것들을 있는 그대로를 탐구하는 학문이다. 예를 들어 '파리 다리에 난 털'에 관한 연구를 경험적으로 치밀하게 관찰하고 기록하는 일은 과학이라고 할 수 있다. 하지만, '파리 다리에 난 털의 존재 의미'를 고민하는 일은 과학이 아니다. 존재 의미를 고민하는 것은 철학의 영역에 해당한다.

최초의 철학자 탈레스.

철학적인 사유와 방법이 사용되었을 뿐만 아니라 과학과 철학의 구분 자체도 인식되지 않았지.

철학과 과학의 구분은 아리스토텔레스 때부터 조금씩 드러나기 시작했어. 플라톤이 만든 아카데메이아(플라톤이 기원전 385년 무렵 아테네 서쪽 교외에 개설한 철학학원)에 입학하여 플라톤의 제자가 된 아리스토텔레스는 훌륭한 철학자인 동시에 뛰어난 과학자였어. 아리스토텔레스가 연구한 분야는 실로 방대했지. 물리학과 생물학을 비롯한 자연과학 전 분야를 다루었고 특히 그가 연구한 동물학은 19세기까지 관찰과 이론 면에서 그를 뛰어넘는 사람이 없을 정도였으니까.

아리스토텔레스의 과학은 중세 시대를 지배했던 기독교, 유대교, 이슬람교의 정신과 잘 어울렸어. 아리스토텔레스는 하늘이 살아 있는 신성한 존재에 의해 움직인다고 생각했는데 이 생각이 기독교, 유대교, 이슬람교의 신학자들의 생각과 크게 다르지 않았기 때문이야. 그래서 그의 과학은 17세기에 근대과학이 탄생하기 전까지 약 2,000년 동안 서구의 과학과 정신세계를 지배했어. 2,000년 동안 그의 과학은 유일한 과학이었고, 진리였지. 그래서 아리스토텔레스의 과학에 반기를 드는 일은 목숨을 걸지 않고는 할 수 없는 일이었단다.

그의 절대적인 권위 때문에 중세 유럽 시대의 과학은 암흑 속에서 씨름했고, 사람들은 거짓된 세상에서 종교 지도자들이나 몇몇의 과학자들이 보여주는 세계가 전부인 것처럼 착각하고 살 수밖에 없었어. 근대 이후의 과학은 아리스토텔레스 과학의 오류를 찾아 고치는 일부터 시작해야 했지.

중앙에 있는 사람이 플라톤이고 오른쪽의 파란 옷이 아리스토텔레스이다(〈아테네학당〉, 라파엘로, 1510년).

3장
자연철학 속에서 과학의 뿌리를 발견하다!

아낙시만드로스(Anaximzndros, 기원전 610년~기원전 546년)

아페이론(Apeiron)

또 이것에서 별과 생물이 생기며, 이들은 우주의 원리를 따라 살다가 사라져 다시 아페이론으로 돌아간다고 생각했지.

그는 땅이 우주에 떠 있다고 주장했어.
우주의 중심에는 지구가 있으며, 지구는 원통 모양인데 정지한 상태이고, 그 주위를 해와 달, 그리고 별이 돈다고 생각했단다.

이것은 인류 최초의 자연주의 우주론이라고 할 수 있어.

아낙시만드로스는 우주를 신비의 대상으로만 여겼던 시절에,

우주를 객관적인 연구의 대상으로 삼고 체계적으로 연구했기 때문에 그를 천문학의 창시자라고 해.

또 그는 천문학 외에도 여러 방면의 다양한 과학 지식을 가진 사람이었는데,

예를 들어 인간은 원래 바다에서 살다가 점차 땅으로 올라와 땅에서 살게 된 거라고 생각했어.

이것은 2,000년이 훨씬 지난 후에 다윈이 얘기한 진화론의 기본이 되었지.
다윈
진화론

아낙시메네스(Anaximenes, 기원전 585년~기원전 525년)

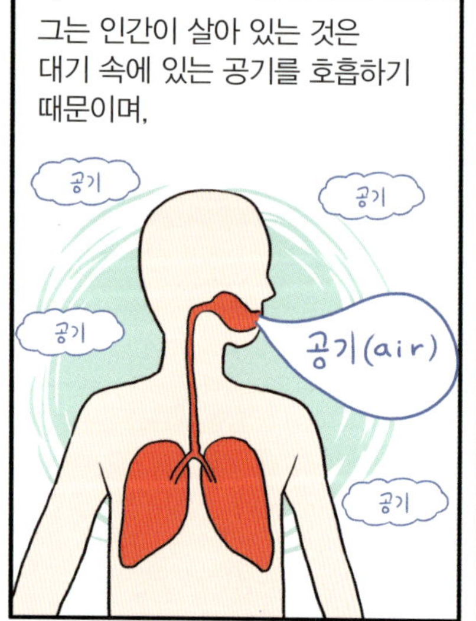

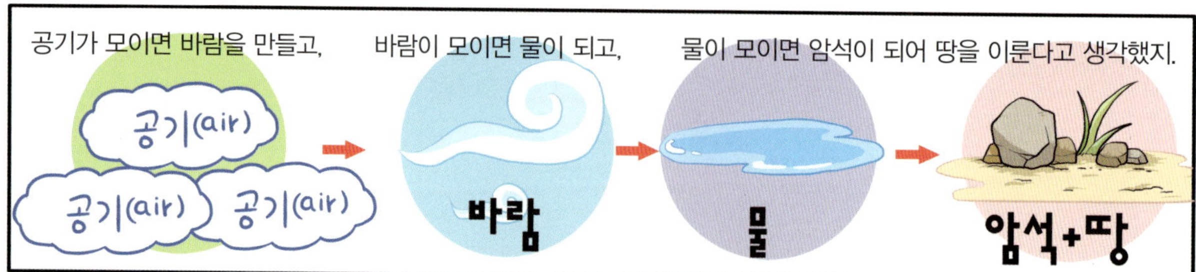

아낙시메네스의 생각은
단순하게 보이지만
당시에는 대단한 것이었어.
물질

왜냐하면 물질이
물질에서 만들어진다는
그의 생각은,
물질이 신의 뜻에 의해
만들어졌다고 믿었던
사람들의 생각을
뛰어넘는 것이었거든.
슈 웅~

물질이 변할 수 있고, 그 변화를 통해
전혀 다른 형태의 물질을 만들어 낼 수 있다는
생각은 나중에 원자론자 및
다른 철학자들에게 큰 영향을 주었지.
으쓱!
오오~

또 그는 지구와 천체를 평평하다고 생각했어.
태양이나 달과 여러 별들이
지구의 주위를 돌고 있다고
생각했지.
북쪽

탈레스, 아낙시만드로스,
아낙시메네스 등과 같은 이들을
자연철학자라고 해.
Natural Philosophy

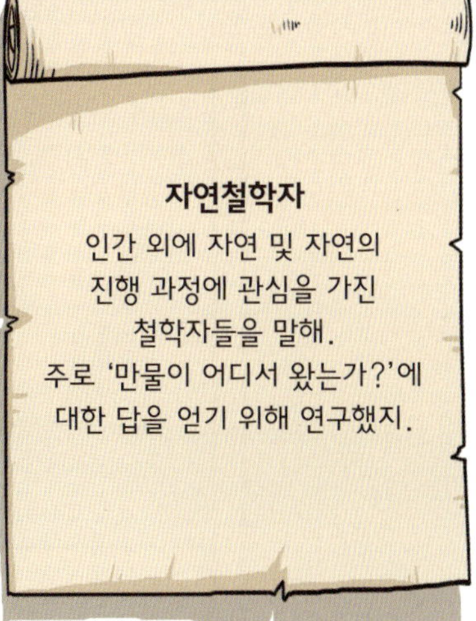

자연철학자
인간 외에 자연 및 자연의
진행 과정에 관심을 가진
철학자들을 말해.
주로 '만물이 어디서 왔는가?'에
대한 답을 얻기 위해 연구했지.

비록 오늘날과 같이 과학적인
방법을 통해 자신의 이론을
펼치지는 못했지만, 과학의 기초를
다지는 데에 크게 기여했단다.
과학의 기초

자연철학은 기원전 5세기 무렵에 그리스의 중심인 아테네로 전파되었고, 아테네는 서양 과학의 중심지가 되었지.
그리스
아테네
밀레토스

그런데 이 무렵 인류 문명에 아주 큰 영향을 주는 세 가지 사건이 있었단다.
쌱

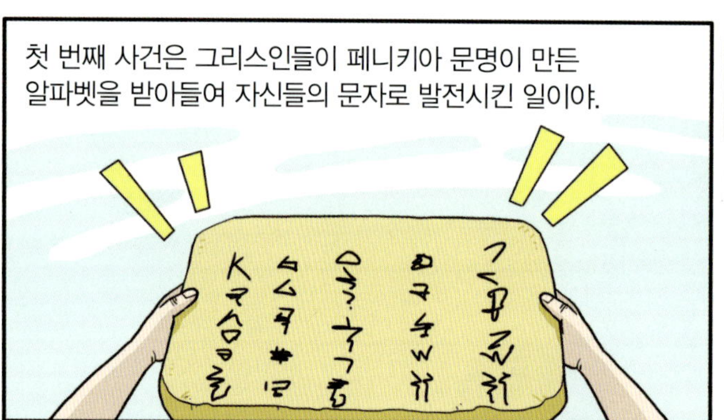

첫 번째 사건은 그리스인들이 페니키아 문명이 만든 알파벳을 받아들여 자신들의 문자로 발전시킨 일이야.

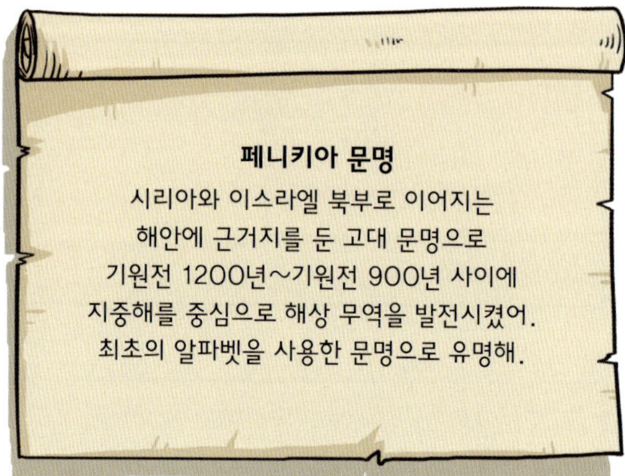

페니키아 문명
시리아와 이스라엘 북부로 이어지는 해안에 근거지를 둔 고대 문명으로 기원전 1200년~기원전 900년 사이에 지중해를 중심으로 해상 무역을 발전시켰어. 최초의 알파벳을 사용한 문명으로 유명해.

페니키아 인들과 활발하게 해상 무역을 했던 그리스인들은
페니키아 인들이 만든 알파벳 문자 체계를 받아들였어.

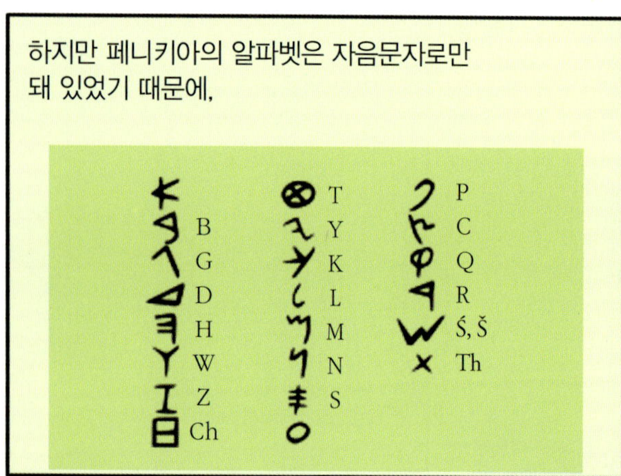

하지만 페니키아의 알파벳은 자음문자로만 돼 있었기 때문에,
B
G
D
H
W
Z
Ch
T
Y
K
L
M
N
S
P
C
Q
R
Ś, Š
Th

그리스인들은 페니키아 알파벳을 그리스 어의 성격에 맞게 바꾸어 모음문자를 도입했지.
탕
탕

자음문자에 모음문자(α, ε, η, ι, ο)를 만들고, ν(입실론)과 ω(오메가)를 추가해 24자로 만들었단다.
그리스 알파벳

이것은 나중에 로마로 전파되어 라틴 언어(로마 언어)를 표현하는 라틴 문자의 기초가 되었고,
(로마)

영어나 프랑스어, 독일어 등과 같은 유럽 문자의 토대가 되었지.

게다가 인도까지 흘러 들어가 인도 문자의 기원이 되고, 동남아시아의 여러 문자를 탄생시키기도 했어.
(인도)

그리스인들이 제대로 된 문자를 가지게 된 것은 인류 문명 발전에 엄청난 변화의 계기가 되었지.
영차
인류 문명 발전

언어의 발달과 글쓰기 능력의 발전은 모든 학문의 튼튼한 토대가 되기 때문이야.
학문

파피루스(papyrus)

지중해 연안의 습지에서
자라는 식물이야.
이집트 사람들은
이 식물의 줄기의
껍질을 벗겨내고 속을
가늘게 찢어서 엮은 뒤
말려서 종이처럼
사용했어.

그리고 세 번째 사건은 그리스의 활발한 해외 영토 개발이야.

당시 그리스는 사람들이 살기에 땅이 부족하여 다른 곳에 식민 도시를 많이 개척했어.

그중에서 그리스인들이 가장 크게 관심을 보였던 곳은 페르시아에 있는 도시들이었지.
그리스
페르시아
리디아
스파르타
아테네

그런데 그곳에는 이미 리디아 인들이 터를 잡고 살고 있었어.

리디아(Lydia)

현명한 그리스인들은 리디아 인들과 싸우지 않고 그들과 활발한 문화 교류를 하면서,

리디아 인으로부터 음악과 문학, 경제를 배우고, 아시아 세계에 대한 폭넓은 지식을 얻을 수 있었지.

알파벳이라는 문자, 파피루스라는 종이, 그리고 다양한 문화와의 접촉, 이 세 가지 사건은 아테네에서 자연철학의 시대를 여는 데 중요한 문화적 토대가 되었단다.

피타고라스(Pythagoras, 기원전 569년~기원전 497년)

이오니아 지방의 사모스 섬에서 태어난 피타고라스는 탈레스, 아낙시만드로스, 아낙시메네스의 영향을 받았고,
응애 응애
이오니아의 사모스 섬

직각삼각형의 세 변의 관계를 나타낸 '피타고라스의 정리'로 유명한 수학자야.
내가 만든 거야
c^2
b^2
a^2
$a^2 + b^2 = c^2$

그는 우주와 우주 안에 있는 모든 것을 숫자로 설명할 수 있다고 믿었고,
1 2 3 4 5 6

자신의 생각을 널리 알리기 위해 학교를 세웠지. 당시 그의 가르침을 받는 것은 매우 큰 영광이었어.
와아

하지만 피타고라스는 아무나 제자로 받아들이지 않았지.
안 되겠소.
제자로 받아주십시오.

피타고라스의 제자가 되고 싶은 사람은 자기의 전 재산을 학교에 맡기고,
△△△ 학교
재산
OK

검소한 생활을 하고 인내하며 순결을 지키고,

무조건적인 순종을 다짐해야 했어.

피타고라스와 그의 제자들은 '육체는 무덤'이라는 생각을 가지고 채식을 하며 철저하게 금욕하는 공동생활을 했는데, 이들을 '피타고라스 학파'라고 불렀어.

그들의 생활은 정말로 엄격해서 콩도 멀리 했는데,

콩은 고단백질 식품이라 많이 먹으면 정력이 넘쳐 금욕 생활을 방해하기 때문이라는 거야.
아우~

콩이 먹고 싶어서 제자가 되는 것을 포기하기도 했겠지?
피타고라스학파
흥!

나뭇잎을 뜯지 말 것,

땅에 떨어진 물건은 줍지 말 것 등의 규칙을 세우고 지키도록 했어.
......

피타고라스가 제자들을 이렇게 가르친 것은 신의 섭리를 수학과 교리를 통해 깨우쳐야 하기 때문이라는 믿음이 있었기 때문이야.
수학
교리

그런 후에 피타고라스 자신은 흰 가운을 입고 별 모양의 5각형 무늬를 새긴 황금관을 쓰고 교단에 서서 위풍당당하게 학생들을 가르쳤다고 해.

피타고라스는 '생명을 갖고 태어난 것은 모두 혈연관계다'라고 생각했어.

불교에서 말하는 윤회설처럼 인간의 영혼은 죽지 않고 계속 여러 동물을 거쳐 다시 인간이 된다고 생각했지.

이런 그의 생각을 뒷받침한 이야기가 있어.

어느 날 피타고라스가 길을 가다가 몽둥이로 개를 때리는 사람을 목격했는데,

그는 큰 소리로 이렇게 말했어.

피타고라스는 개가 울부짖는 소리를 듣고, 개의 영혼이 바로 자신의 친구라는 것을 알았대.

이런 가치관 때문에 피타고라스의 학파는 모든 생명체가 똑같이 존중되어야 하고,

여성도 남성과 동등한 권리를 가져야 한다고 생각했어. 그래서 여성들도 피타고라스 학교에서 공부할 수 있었지. 또 노예도 인간답게 대우받아야 한다고 주장했고.

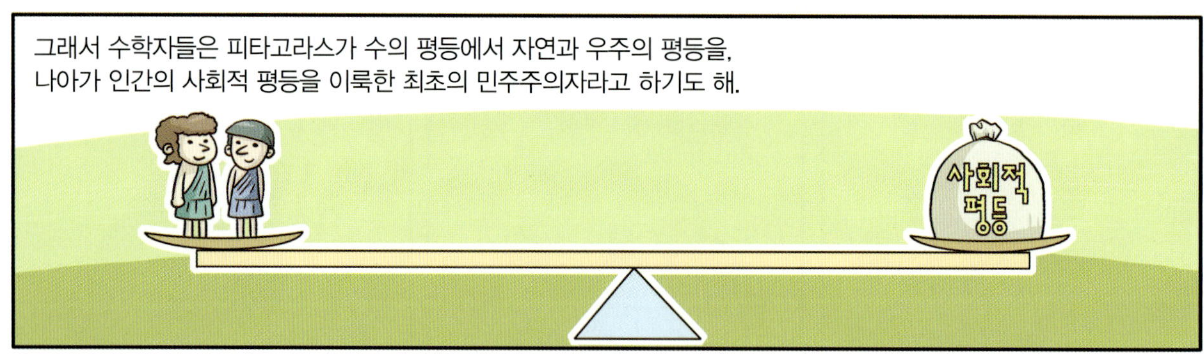

그래서 수학자들은 피타고라스가 수의 평등에서 자연과 우주의 평등을,
나아가 인간의 사회적 평등을 이룩한 최초의 민주주의자라고 하기도 해.
사회적 평등

한편 피타고라스는 우주의 근본은 숫자이며,
3
2
4
1

숫자는 신의 속성을 가졌다고 믿었지.
나는 숫자의 신
1

심지어 인간의 영혼이 우주의 한 부분으로서의
숫자의 또 다른 형태라고 여기며 모든 것을
숫자로 표현했어.

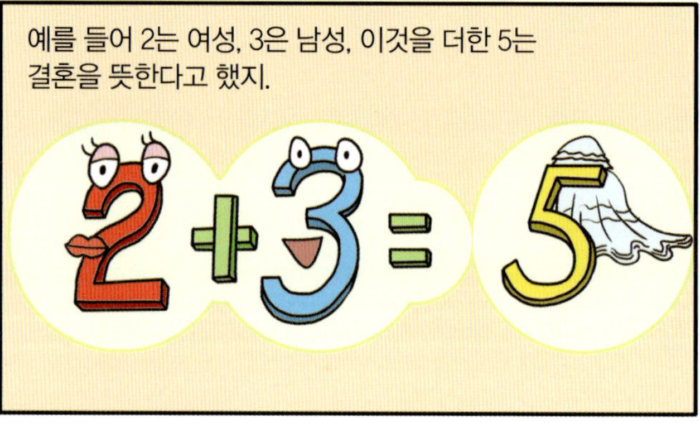

예를 들어 2는 여성, 3은 남성, 이것을 더한 5는
결혼을 뜻한다고 했지.
2 + 3 = 5

그는 모든 사물에는 수학적인
구조가 있기 때문에,
1

이것을 밝혀 내면
우주의 생성 원리는
밝혀질 것으로 믿었지.

그래서 그는 수학을 모든 학문의
기초로 보았어.
학문
○○ 학문
□□ 학문
수학

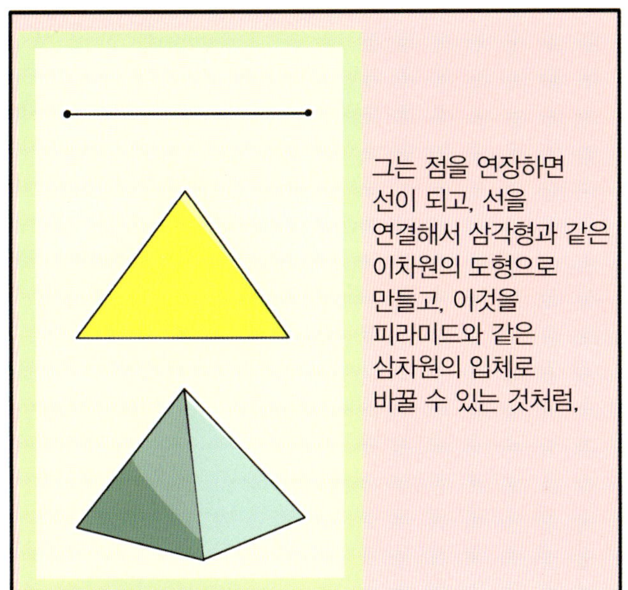

그는 점을 연장하면 선이 되고, 선을 연결해서 삼각형과 같은 이차원의 도형으로 만들고, 이것을 피라미드와 같은 삼차원의 입체로 바꿀 수 있는 것처럼,

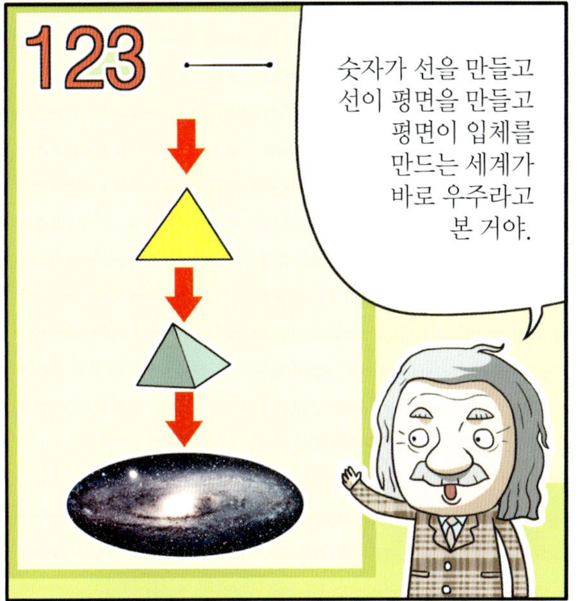

123
숫자가 선을 만들고 선이 평면을 만들고 평면이 입체를 만드는 세계가 바로 우주라고 본 거야.

뿐만 아니라 피타고라스는 지구가 공 모양으로 되어 있고,
지구는 둥근 구(球) 모양입니다.

지구가 우주 중심에 있는 신성한 불을 다른 행성과 함께 회전하는 행성으로 생각하고, 이것을 제자들에게 가르친 최초의 사람이었어.

피타고라스는 지구가 우주의 중심을 차지할 만큼 순수하지 못하다고 생각했거든.
지구는 순수하지 않습니다.

하지만 당시의 사람들은 도저히 피타고라스의 생각을 받아들일 수 없었어.
…
그 주장은 엉터리야!

피타고라스가 지구를 우주 중심에서 바깥으로, 그리고 하찮은 행성으로 여기는 생각을 이해할 수 없었던 거야.
첫 우시해
우리가 사는 지구가 하찮다니!!

시대를 앞선 그의 우주관은 유럽 사람들의 무의식 속에 깊이 잠자고 있다가 2,000년이 지나 코페르니쿠스의 지동설로 화려하게 부활하게 되지.
안녕, 코페르니쿠스라고 해.

피타고라스가 주장했던 '우주의 근본은 숫자다'라는 말은 굉장히 엉뚱해 보이지?
4
1 2 9 7 8

하지만 그의 엉뚱한 생각 덕분에 우리는 신화적 생각에서 벗어나 합리적인 세계로 들어설 수 있었어.
합리적인 문

모든 것이 신에서 시작해서 신으로 끝났던 시절,
우주와 자연을 비롯한 주변 세계를 숫자라는 객관적인 언어를 통해 합리적인 이성의 연구 대상으로 바꾸는 데 큰 역할을 했기 때문이야.
신
5 1 2 3 6
숫자
합리적인 이성연구

피타고라스의 수학이 있었기 때문에 과학이 신화 대신 자연을 설명하는 원리로 등장할 수 있었던 거지.
하핫, 피타고라스 수학을 드디어 완성했다!
피타고라스 수학

데모크리토스(Demokritos, 기원전 460년~기원전 380년)

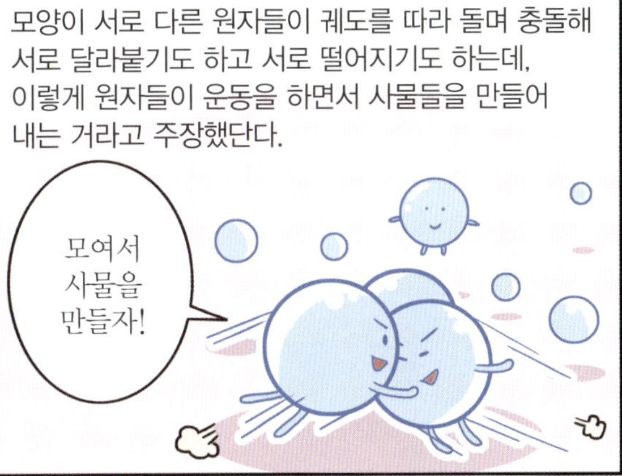

예를 들어 물의 원자와 철의 원자는 같은 성질이지만, 물의 원자는 모양이 매끄럽고 둥글기 때문에 서로를 고정시키지 못하고 작은 공처럼 굴러다니는 반면,
데구르르-
굴러라, 굴러!

철의 원자는 거칠고 들쭉날쭉하고 울퉁불퉁하기 때문에 서로 맞물려 단단한 덩어리를 이룬다고 생각했어.
뭉쳐라, 뭉쳐!

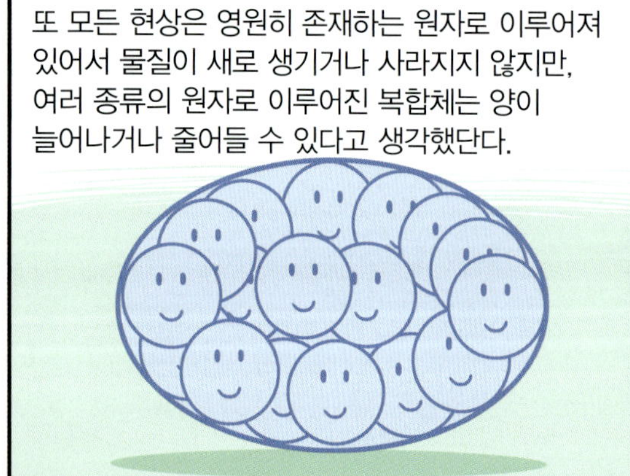

또 모든 현상은 영원히 존재하는 원자로 이루어져 있어서 물질이 새로 생기거나 사라지지 않지만, 여러 종류의 원자로 이루어진 복합체는 양이 늘어나거나 줄어들 수 있다고 생각했단다.

만물을 이루고 있는 원자가 존재하는 데에는 어떠한 원인도 없고, 원자가 움직이는 것 또한 어떤 원인에 의한 것이 아니기 때문에

이 우주에 어떤 목적이나 의도를 가진 원인(신)은 있을 수 없다고 했어.

세상의 만물은 원자의 움직임으로 생겨나는데, 사방으로 움직이는 원자가 서로 부딪쳐 성질이 비슷한 원자끼리 결합해서 큰 덩어리를 이루고 그 덩어리가 바로 물질이라는 거야.

존 돌턴(John Dalton, 1766년~1844년)

잘못된 과학 정보로 시작된 콜럼버스의 무모한 도전

1470년대 유럽의 많은 모험가들이 대륙을 벗어나 새로운 세계를 향해 바다로 나갔어. 우리는 이 시대를 일컬어 대항해 시대라고 부르지. 당시 유럽의 지배자들은 모험가들이 더 큰 세계로 나갈 수 있도록 경제적으로 지원했는데 그들이 모험가들을 지원한 가장 큰 이유는 유럽 대륙의 동쪽을 차지한 강력한 제국 이슬람 때문이야. 대항해 시대가 시작되기 약 200년 전, 칭기즈칸 후예들의 유럽 정벌로 유럽인들은 큰 피해를 입었어. 하지만 그 사건으로 유럽인들은 동방에 자신들만큼이나 크지만, 자신들과는 다른 세계가 존재한다는 것을 알게 되었지. 그후 유럽인들은 실크로드와 같은 무역 길을 통해 동방과 활발한 교류를 벌였는데 이 길이 이슬람 제국으로 인해 막힌 거야. 유럽은 동방으로 가는 새로운 길을 찾아야 했고 그 새로운 길이 바로 바닷길이었지.

지금 생각하면 콜럼버스의 항해는 무모한 도전이었어. 사실 당시 과학이 조금만 더 발달했다면 그는 아시아를 찾아 나서자는 결정을 쉽게 하지 않았을 거야. 콜럼버스의 도전은 잘못된 과학 정보를 믿어서 시작된 것이기 때문이지.

1492년 콜럼버스가 항해를 감행할 무렵, 대부분의 유럽인들은 지구가 둥글다는 것을 알고 있었고, 지구의 둘레는 약 29,000㎞에 이른다고 생각했어. 이 수치는 당시 가장 위대한 천문학자였던 프톨레마이오스의 계산으로 나온 것이었지만 사실 이 지구 둘레는 잘못된 것이었어.

콜럼버스(Christopher Columbus, 1451년~1506년)

콜럼버스는 프톨레마이오스의 계산을 바탕으로 에스파냐(스페인) 카나리아 군도에서 아시아(중국의 항주를 기준으로 함)까지 대략 4,345㎞ 정도 떨어져 있다고 생각했지만 실제로는 그보다 약 5배 먼 거리인 약 24,140㎞ 떨어진 곳에 아시아가 있었던 거야. 만약에 그 중간에 아메리카 대륙이 없었더라면 콜럼버스와 그의 선원들은 바다에서 길을 잃고 역사에 흔적도 없이 사라졌겠지. 만약에 프톨레마이오스가 지구 둘레를 정확하게 계산했다면 콜럼버스는 아시아를 찾아가는 방향을 서쪽으로 잡지 않았을지도 몰라. 과학자의 실수로 아메리카 대륙을 발견하게 되었으니 이 실수가 오히려 새로운 역사를 쓰게 한 셈이 되었지.

신대륙을 발견한 콜럼버스.

콜럼버스를 비롯한 모험가들은 긴 항해를 통해 유럽에는 없는 수많은 종류의 동물과 식물을 다른 대륙에서 발견했어. 사람들은 유럽 중심의 지식에 한계를 느꼈고, 지식은 고정된 것이 아니라 언제든지 변할 수 있다는 사실을 깨닫게 되었지. 그리고 더 많은 세계를 접하기 위해 정확한 지도를 제작해야 했고 이를 위해 유럽 각 나라에서 수학자, 천문학자 등을 고용했지.

대표적인 나라 에스파냐는 1582년에 펠리페 2세가 마드리드에 수학 아카데미를 설립하면서 절정에 이르렀어. 수학 아카데미는 지도 제작, 항해술 등을 가르쳤고 에스파냐 정부는 에스파냐와 인도의 지리학과 자연사에 대해 체계적으로 연구할 수 있게 지원했지. 1570년대에는 과학 탐험대를 신세계에 보내 지리학, 식물학, 의학 등의 정보를 수집하기도 했어. 에스파냐와 포르투갈은 과학 전문가를 식민지 개척에 이용한 최초의 유럽 국가였어. 뒤를 이은 유럽의 다른 나라, 즉 네덜란드, 프랑스, 영국, 러시아는 에스파냐와 포르투갈이 확립한 패턴을 그대로 따랐지. 이것이 바로 오늘날 유럽이 서양 과학 문명의 모태가 된 결정적인 근거가 되었어.

4장
과학의 진보를 이끈 두 사람의 철학자를 만나다!

히포크라테스(Hippocrates, 기원전 460년~기원전 370년)

히포크라테스는 우리나라로 치자면 해모수가 부여를 세울 무렵에 태어난 사람이야.

그래서 그의 생애에 대해서는 자세한 기록이 남아 있지는 않아.
나 해모수가 부여를 세웠다.
이 친구 나랑 같은 시대를 살았군.
부여

히포크라테스는 코스 섬에서 태어났어. 그의 집안은 대대로 귀족이었고 의술을 연구했지.
응애 응애
코스 섬

당시의 귀족들은 자식들에게 집안에서 하는 일을 가르쳤기 때문에, 히포크라테스는 어려서부터 의술 공부를 하면서 자랐어.
하하, 반갑네.
어린 히포크라테스

이렇게 자란 히포크라테스는 주위 사람들을 치료하기 시작했지.
열이 많이 나네요.

히포크라테스가 유능한 의사라고 알려지면서 많은 사람들이 치료를 받으려고 몰려들었어.

그때는 철학이 발달했던 때라 철학이 최고의 학문이고 철학으로 모든 것을 해결할 수 있으며,

사람의 병을 고치는 의학 분야도 철학적 해석을 통해야 한다고 생각했지.
철학
철학짱
하악 하악

이 세상 만물은 철학적 해석을 통해야 한다.
의학 분야

히포크라테스는 이런 생각에 반대하고 과학적인 연구를 통해서만 병을 고칠 수 있다고 믿었어.
NO

의학에서 제일 중요한 것은 병을 과학적으로 잘 진단하고 치료해서 낫게 하는 직접적인 행동이라고 생각했어.
의학은 말이죠, 과학적으로 잘 진단해야 합니다.

따라서 병을 잘 진단하고 치료하기 위해서는 의사들의 부단한 노력이 필요하다고 주장했어.
노력

히포크라테스는 인간이 병에 걸리는 것은 몸의 각 부분이 이루고 있던 조화가 깨져서 생기는 자연적인 현상이라고 가르쳤어.
몸의 조화가 중요해.
탁!

우리 몸에 있는 액체를 '체액'이라고 하는데, 병을 이해하는 데에 아주 중요한 것입니다.
체액

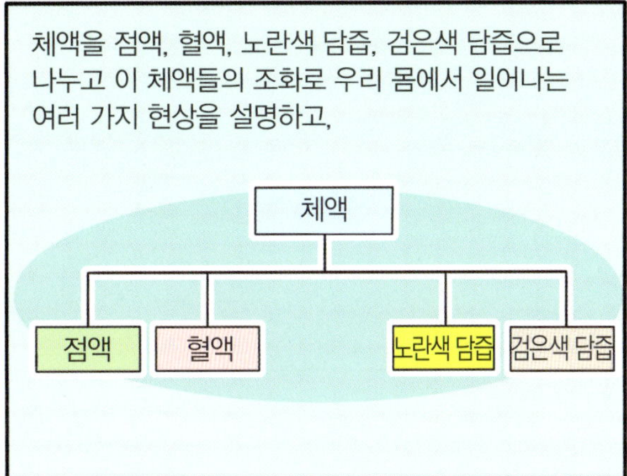

체액을 점액, 혈액, 노란색 담즙, 검은색 담즙으로 나누고 이 체액들의 조화로 우리 몸에서 일어나는 여러 가지 현상을 설명하고,
체액
점액
혈액
노란색 담즙
검은색 담즙

이 체액들 사이의 균형이 깨지면 병에 걸린다고 생각했지.
아파요.

이 균형이 깨진 부분을 찾아내서 조화롭게 만드는 것은
체액

숙련된 의사만이 할 수 있다고 믿었어.

물론 치료 기술이 발달되지 않았던 시대였기 때문에 히포크라테스의 치료는 실패로 끝나는 경우가 많았지.

하지만 병이 걸리는 원인이 신의 뜻이나 간섭이 아니라 사람의 몸에 있다는 그의 인체에 대한 과학적인 접근은 고대 그리스 의학을 발전시키는 가장 중요한 밑거름이 되었어.
…

그뿐만 아니라 중세를 거쳐 르네상스 시대까지 서양 의학에 큰 영향을 미치는 이론이 되었단다.
중세
르네상스

몸이 아파 병원에 가면 의사 선생님이 질문을 하시면서 무언가 계속 쓰는 걸 볼 수 있지?
가슴이 답답 하시다고요?
네.
슥슥

의사 선생님이 쓰는 것을 차트 또는 의무기록지라고 해.
차 트

이걸 보면 내가 언제 어떻게 아팠는지 어떤 치료를 받았는지 모두 알 수 있지.
차트

차트가 없다면 전에 무슨 약을 먹었는지 알 수 없을 테고, 이 때문에 먹어서는 안 되는 약을 먹을 수도 있게 되는 등 여러 가지 문제가 생길 수 있겠지?

이런 차트를 제일 먼저 쓰기 시작한 사람이 바로 히포크라테스야.
에헴!

히포크라테스는 환자를 관찰하면서 세세하게 모든 것을 기록하라고 가르쳤고, 그도 그렇게 했어.
어디가 아프세요?
그게….

아리스토텔레스(Aristoteles, 기원전 384년~기원전 322년)

이것은 플라톤이 수학과 자연철학을 아주 중요하게 생각했다는 것을 알 수 있는 문구지.

이곳에서 플라톤은 '우주는 어떻게 만들어졌을까, 공기에는 무게가 있을까,

소리는 어떻게 전달될까' 하는 것들을 가르쳤다고 해.

철학이나 정치학 등도 가르쳤지만 우주의 근본을 아는 것을 제일 중요하게 생각했지.

아리스토텔레스의 관심도 주로 수학과 자연철학에 있었어. 아리스토텔레스는 아카데메이아에서 플라톤이 세상을 떠날 때까지 약 20년 동안 지냈는데,
수학
자연학

처음에는 학생으로, 나중에는 교사로서 생활을 했지.

알렉산더 대왕(기원전 356년~기원전 323년)

페르시아 정복 때의 알렉산더 대왕을 묘사한 모자이크 그림

리케이온은 좀 특별한 학교였어.
교실이 하나도 없었거든.

아리스토텔레스는
지붕이 덮인 산책로를
오르내리며
토론을 벌이면서
학생들을 가르쳤어.

이런 모습이 우스꽝스러웠는지
리케이온 근처에는
아리스토텔레스와 제자들이
공부하는 광경을 엿보는
사람들이 많았지.

사람들은 아리스토텔레스와 제자들을
페리파토스(Peripatos) 학파라고 불렀어.
우리말로 하면 소요학파라고도 하는데,
'걸어다니며 공부하는 사람들의 모임'이라는 뜻이야.

아리스토텔레스의
뛰어난 학문 때문에
리케이온은 아테네
최고의 학교가 되었고,

전국에서 뛰어난 영재들이
아리스토텔레스의 가르침을
받으려고 몰려들었지.

아리스토텔레스는
정말 뛰어난 학자였어.
그가 연구한 분야는 매우 방대해서,
그가 다루지 않은 분야는
없다고 할 정도거든.

물리학과 생물학을 비롯한 자연과학 전 분야와 심리학은 물론이고,
물리학
생물학
자연과학
심리학

정치학 및 문학이론까지 아주 다양했지.
정치학
문학이론

특히 그의 동물학은 19세기가 될 때까지 관찰과 이론 면에서 그를 뛰어넘는 사람이 없을 정도로 훌륭했어.
이~야, 옛날 사람이 굉장하군.
동물학

그의 학문은 중세 시대를 지배했던 기독교, 유대교, 이슬람교의 정신과 잘 어울렸어.
이슬람
기독교
유대교

그래서 아리스토텔레스가 한 말이나 그의 제자들이 쓴 책은 끝없는 존경을 받았고,
아리스토텔레스

유일한 학문으로 연구되었으며, 진리로 받들어졌어.
아리스토텔레스 학문

만약에 아리스토텔레스의 학문에 조금이라도 반대를 하면 이단자로 낙인 찍혀 목숨까지 내놓아야 했지.
감히 우리 학문에 반대하다니, 화형에 처한다!!!

지오다노 브루노(Giordano Bruno, 1548년~1600년)

왜 아리스토텔레스의 자연철학이 그토록 큰 힘을 갖게 되었을까?
자연철학

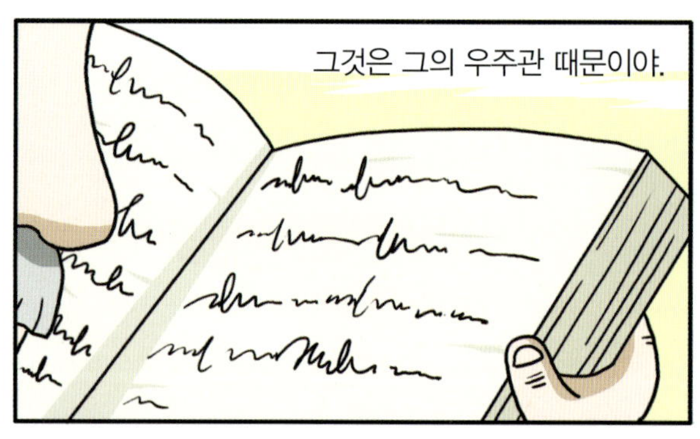

그것은 그의 우주관 때문이야.

아리스토텔레스는 우주가 달을 기준으로 아래의 세계인 '지상계'와 그 위의 세계인 '천상계'의 두 개로 나누어져 있다고 말했어.

변화무쌍하고 불완전한 지구와, 신성하고 영원한 하늘의 세계를 분리한 것으로
천 상 계

지구를 오늘날처럼 우주의 한부분으로 생각하지 않았던 것이지.

아리스토텔레스가 말하는 하늘의 세계, 즉 천상계는 색깔도 없고 냄새도 없고 보이지도 않는 완전한 물질인 '에테르'라고 하는 제5의 원소로 이루어져 있다고 생각했어.
우리는 제5원소야.
에테르라고 하지.
천상계

아리스토텔레스가 이런 주장을 한 건 신이 만든 하늘의 세계는 완전해야 한다는 믿음 때문이었어.

최고의 신이 만든 우주는 완벽해야 하므로 조금의 변화도 있어서는 안 된다고 생각한 거야.

그러나 달을 포함한 그 아래의 세계인 '지상계'는 인간과 동식물이 사는 곳으로, 이곳은 흙과 물, 공기와 불 등 4원소로 만들어졌고,

새로운 것이 만들어지기도 하고 없어지기도 하는 변화무쌍한 곳이라고 했지.

달을 기준으로 한 것은 달이 어두운 부분도 보이고 매일 모양도 변해 불완전한 것으로 여겼기 때문이야.

아리스토텔레스의 우주관

그러므로 아리스토텔레스의 우주관은
종교 지도자들과 일반인들의
절대적인 지지를 받으며 아주 오랜 시간 동안
서양 과학의 기본적인 틀로서
유지될 수 있었던 거야.

그러나 인류의 과학 문명
발달이라는 큰 틀에서 보면
아리스토텔레스의 우주관은
나쁜 영향력을 끼쳤어.

아리스토텔레스의 우주관은 마치
단단하고 거대한 성과 같은 역할을 해서
사람들이 진실을 탐구하지 못하게 한 셈이지.

아리스토텔레스의 학문은 마치
생각의 독약 같은 것이었어.

오직 그의 학문만을 먹고 자란 학자들
때문에 과학은 아주 오랜 세월 동안
아리스토텔레스의 생각 안에
갇혀 더 이상 발전하지 못하는
우물 안 개구리 같았거든.

그의 절대적인 영향력 때문에 중세 유럽 시대의 과학은 암흑기였고,

사람들은 종교 지도자들이나 몇몇의 과학자들이 보여 주는 세계가 전부인 줄로만 알았지.
착각의 늪

물론 아리스토텔레스는 그의 이름에 걸맞게 중요한 발전을 많이 이루었어.
나도 중요한 일 많이 했다고…. 너무 뭐라고 하지 마세요.

사실 그의 생각이 과학의 암흑기도 만들었으나, 오늘날처럼 과학이 발달하게 된 것 역시 그의 연구 덕분이야.

달을 보며 깨달았지.
그는 이미 2,000년 전 개기월식 때, 달에 비친 지구의 그림자를 보고 지구가 공처럼 둥글다고 생각했는데,

이것은 지구가 마치 바다에 떠 있는 커다란 거북 등처럼 평평하다고만 생각했던 당시 사람들의 생각에 비하면 엄청난 발전이었어.

또 지구 반대쪽에 사는
사람들은 자신들의
발밑에 사는 미개한
존재라고 무시하고
우월감에 젖어
있는 사람들에게는
이렇게 말했어.

위와 아래로 방향을
나누는 것뿐이므로
우월감을 가질 필요가 없소.

또 생물학 분야에서는
독보적인 개척자였어.
48종의 동물을 해부했고,
약 540종이 넘는 생물을
포유류, 파충류, 양서류,
조류 등으로 구분한
최초의 사람이었기
때문이지.

다만 아쉽게도 아리스토텔레스의
실수를 발전적으로 수정할 만한
능력을 가진 과학자가 그가
죽은 후 약 2,000년 동안이나
나타나지 않았다는 점이야.
펄
럭
2,000년

좀 더 빨리
아리스토텔레스의
학문을 발전시킬
과학자가 있었다면,
오늘날 우리의 과학은
훨씬 더 빨리
발전될 수 있었겠지.
……
?
과학의 진보

과학이 불러온 전쟁과 과학이 선물한 평화

과학의 시작은 순수했어. 과학을 처음 시작했던 그리스 시대의 과학자들은 자연의 신비를 논리적으로 설명하기 위해 개인적으로 많은 돈과 시간을 투자했고 이러한 전통은 16세기까지 이어졌지. 이후 과학이 점점 발달하고, 연구 범위나 규모가 커지면서 과학자들은 자신들의 연구를 지원해 줄 안정적인 세력을 찾게 되었어. 바로 돈과 권력이 있는 귀족들이 그들을 지원했지. 경제적인 지원을 받게 된 과학자들은 과학의 결과물에 대해 정치적인 흥정을 하게 되었고, 이후 과학은 늘 정치적인 판단에서 자유로울 수 없게 되었어.

과학이 정치적인 판단에 의해 좌지우지된 대표적인 예는 제2차 세계대전 당시 원자폭탄의 개발일 거야. 처음에는 누구도 관심을 기울이지 않았던 일이 어느 날 갑자기 정치적으로, 군사적으로 큰 이슈가 되어, 수만 명의 과학자들이 한 가지 일에 동원되었기 때문이야.

아인슈타인(Albert Einstein, 1879년~1955년).

1938년, 독일의 과학자들은 아인슈타인의 상대성 이론을 근거로 우라늄 원자핵을 연쇄 분열해 막대한 에너지를 방출시키는 실험에 성공했어. 원자핵 에너지의 시대를 여는 획기적인 실험이었지만 반면 끔찍한 결과를 초래할 수도 있는 실험이었지.

그 사실을 가장 먼저 깨달은 사람은 물리학자 닐스 보어였어. 그는 독일의 핵분열 실험 소식을 미국에 전달했고, 미국의 물리학계는 즉시 그것이 엄청난 일임을 깨닫게 되었어. 핵분열 때 방출되는 에너지를 이용해 폭탄을 개발한다면 그것은 곧 세계의 파멸을 가져올 수도 있는 일이었기 때문이야. 그날 이후 독일, 이탈리아에서 탈출한 과학자들과 영국, 미국의 과학자들은 독일이 먼저 원자핵 폭탄을 만들지 않을까 하는 걱정이 되어 당시 과학자 중에서 가장 영향력이 컸던 아인슈타인을 움직여 미국 루스벨트 대통령을 설득했지.

"우라늄 원소의 연쇄적인 핵분열은 폭탄의 제조에도 사용될 수 있으며 파괴력도 엄청납니다. 따라서 미국 정부는 우라늄 광석을 충분히 확보하고, 각 대학 연구실의 협조를 받아 연구에 필요한 설비를 갖추어야 합니다. 나아가 독일이 원자력 에너지를 활용할 의지가 충분하다는 것을 명심하십시오."

아인슈타인의 뜻을 받아들인 미국 정부는 독일보다 먼저 원자폭탄을 개발하기로 하고 맨해튼 프로젝트를 시작했어. 미국 정부는 서둘러 미국의 전역에서 활동 중인 물리학자의 3/4을 맨해튼 프로젝트에 참여시키는 한편 20억 달러 이상의 막대한 투자를 했지. 과학자들을 포함한 총인원 4만 3천여 명이 이 일에 매달렸다고 해.

그 결과 1945년 7월 16일, 플루토늄으로 만든 폭탄이 뉴멕시코 주의 사막에서 성공적으로 폭발했어. 그리고 3주일 뒤 두 개의 원자폭탄이 일본에 투하되었지. 원자폭탄으로 일본은 패전국이 되었고, 미국은 제2차 세계대전의 승전국이 되었지.

하지만 그 후 미국과 소련의 핵전쟁 준비로 세계는 불안에 떨어야 했고, 그건 지금까지 여전해. 원자력 에너지의 존재를 처음으로 세상에 알린 아인슈타인은 '전쟁에는 이겼지만 평화는 오지 않았다'라는 유명한 글을 남기고, 미국과 소련 간의 핵전쟁 준비를 비난하면서 평화 운동에 앞장섰단다.

1945년 나가사키에 떨어진 원자폭탄으로 발생한 버섯구름.

5장

과학적 세계관과 함께 암흑시대와 작별하다!

중세 시대는
정신문화의 중심에
기독교의
신이 있었는데,
중세 시대

르네상스는
신이 차지했던 자리에
인간을 두려고
노력했단다.
전 인간이에요.
르네상스

르네상스를 주도한 사람들은 먼저 고대 그리스 시대에
활약했던 철학자들의 책을 발굴하여 그 속에 담긴
인간의 정신을 찾아내는 일을 했어.
찾았다!!!
그리스

왜냐하면 고대의 사람들이
중세 사람들보다 훨씬
지혜로웠을 것이라는
믿음 때문이야.
그리스

그들의 믿음이 조금 황당하지?
우리는 시대가 지날수록 사람들이
더 많은 것을 알게 되어 지혜로울 것이라
생각하는데 그때는 아니었나 봐.

성경의 가르침에 따라 살던
사람들은 아담의 시대,
즉 과거일수록 인간이 더 많은 것을
알고 있었을 거라고 생각했어.
안녕,
난 아담이야.

아담이 죄를 지어 타락하기 전에는
자연에 존재하는 모든 동식물의
이름을 지어 줄 정도로 똑똑했다고
성경에 쓰여 있거든.
너의 이름을
지어 주겠어.

코페르니쿠스(Copernicus, 1473년~1543년)

한 손에는 등불을 들고
다른 손에는 관측기구를 들고,

밤마다 천문대에 올라 행성과
별의 움직임을 관측하고
기록한 거야.
놀라워~.

하루도 빠지지 않고 매일 관측을
하던 어느날 이상한 점을
발견했어.

그건 당시에 천문학자들이 사용하던 행성의 운행표가
틀리다는 사실이었어.
어?

프톨레마이오스의 천동설을 바탕으로
화성, 목성과 같은 행성의 움직임을 나타낸 표인데,
제대로 맞는 것이 없었던 거야.
이상하네.
잘 안 맞네.
천동설

대신 엄청 복잡하기만 했거든.

코페르니쿠스는 고개를 갸우뚱하며
원인을 곰곰이 생각했어.
아이고,
복잡해라.

그는 전능하신 창조주가
하늘의 운동을 이렇게 복잡하게
만들지는 않았을 것이라 생각했고,

이 일은 그가 하늘을 더욱 깊이 있게
연구하게 되는 계기가 되었지.

프톨레마이오스(Ptolemaeos, 기원전 83년경~기원전 168년경)

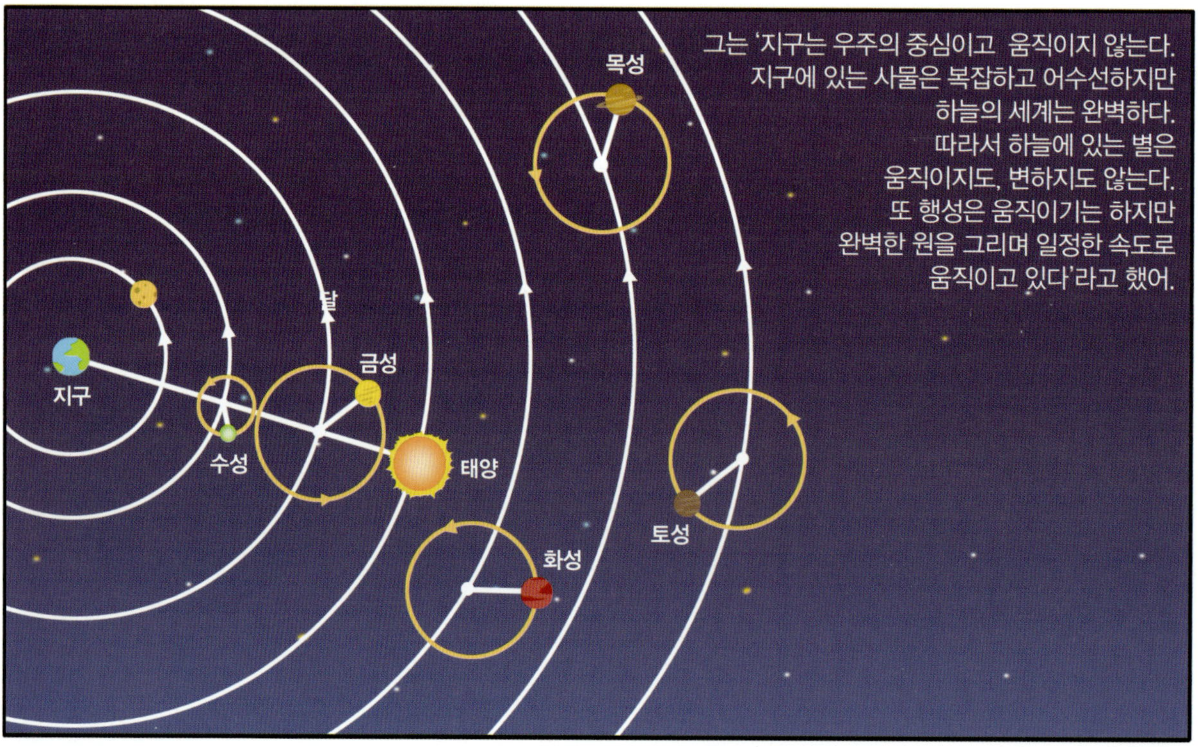

프톨레마이오스가 주장한 행성들의 움직임을 설명하기 위해서는 무려 81개의 가설이 필요했지.
81개

코페르니쿠스는 프톨레마이오스가 주장한 지구를 우주의 중심에 두는 천동설이 근본적으로 틀렸다고 생각했어.
이건 잘못됐어!!
알마게스트

그래서 새로운 이론을 찾기 위한 긴 여행을 시작했단다.

코페르니쿠스가 살았던 시대가 르네상스 시대였다는 건 그에게는 큰 행운이었어.
나는 행운아야.
르 네

만약에 코페르니쿠스가 100년 정도 일찍 태어났다면 상황은 크게 달라졌을 거야.
100

아마 그는 평생 평범한 성직자나 마음씨 좋은 의사로 살았을지도 몰라.

그러나 르네상스 덕분에 코페르니쿠스는 고대 그리스 철학자들이 쓴 책을 볼 수 있었고,
그리스의 철학책들은 굉장하군.
그리스

그 속에서 새로운 세계를 보았어.
팟

아리스토텔레스나 프톨레마이오스의 생각과는 전혀 다른 우주관이 있었기 때문이지. 그것은 아리스타르코스의 '태양중심설'이었어.
태양중심설

태양과 항성(별)은 움직이지 않고, 지구가 원 모양의 궤도로 태양 주위를 돌고 있소. 또 태양과 항성은 지구에서 잴 수 없을 정도로 아주 멀리 떨어져 있다오.

그는 지구가 둥글고 매일 하루에 한 번씩 회전을 하기 때문에 천체가 돌고 있는 착각을 불러일으킨다는 사실을 알았지.

하지만 사람들은 아리스타르코스의 생각이 못마땅했어.

지구가 우주의 중심이 아니라는 게 기분 나빴던 거지.

위대한 신이 특별한 뜻을 품고 창조한 지구를 무시하다니!

그래서 아리스타르코스의 주장은 사람들 사이에서 빨리 잊혀졌어.

코페르니쿠스는 사람들이 잘못 알고 있는 우주의 중심을 바로잡자는 생각에 더욱 자신감을 얻게 되었지.

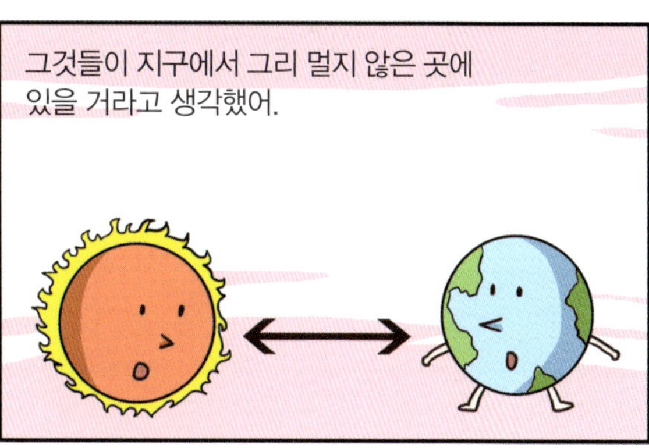

하지만 코페르니쿠스는 거대한 지구가 멀리 떨어진 태양의 주위를 돌거나, 다른 행성들인 수성, 금성, 목성, 토성 등이 태양의 주위를 돌려면 우주가 아주 커야 한다고 생각했던 거지.

하지만 그는 사람들에게 우리의 우주가 어마어마하게 크다고 말할 수 없었어.
어떡하지?

우주의 크기가 아주 크다면 상대적으로 사람의 가치는 작아지기 때문이지.

위대한 신이 만든 인간이 더 이상 우주의 중심이 아니라는 말이 되기 때문에

결국 사람을 만든 신의 권위를 손상시키는 신성모독이라고 생각한 거야.

그러니까 코페르니쿠스의 태양 중심 우주관은 단순히 과학 또는 천문학의 이론을 바꾸는 것이 아니라
코페르니쿠스 우주관

새로운 세계관의 변화를 의미하는 아주 획기적인 일이었던 거지.

지구 중심의 사고는
인간의 생각을 좁게 하고,

우주의 움직임을 신이라는 절대자의
의지에 의한 것이라고 한계를 짓기 때문에
과학의 발전을 가로막는 장애물이 되었는데,

코페르니쿠스의 태양 중심 우주관은
이것을 벗어 던질 수 있도록 생각을
변화시켜 주었어.

그래서 나중의 역사가들은
코페르니쿠스의 새로운 우주관을
'혁명적인 발상의 전환'이라고
했어.

세상의 중심이 바뀌는 일이고,
인간의 사고의 바탕이 바뀌는
일이었으니까.

그는 우주의 중심이 지구가 아니라 태양이라고
결론 내렸어.
내가 우주의
중심이래.

1540년 코페르니쿠스는 「지동설서설」이라는
제목의 논문집에 우주의 중심은 태양이고,
지구는 태양 둘레를 도는 떠돌이 별에
불과하다는 내용을 실었어.
여봐라.
네, 전하.

또 지구가 자전과 공전의
두 가지 운동을 하고 있다는
새로운 아이디어를 제안하기도 했지.
자전
공전

코페르니쿠스의 지동설은
당시 전체 사회에 과감한
도전장을 내민 것이었어.

사람들이 코페르니쿠스의 지동설을
받아들인다면 그동안 믿어왔던
우주관과 세계관, 그리고 그에 따르는
가치관을 모두 버려야 했기 때문이지.
이런
요망한 걸
쓰다니!!

마르틴 루터(Martin Luther, 1483년~1546년)

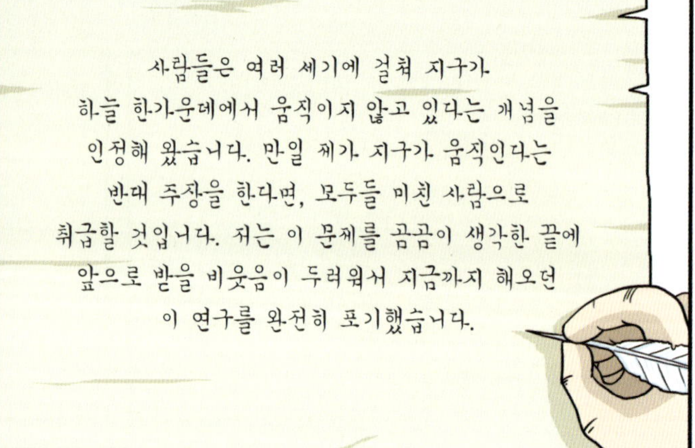

1530년 코페르니쿠스가 교황 바오로 3세에게 보낸 편지 글

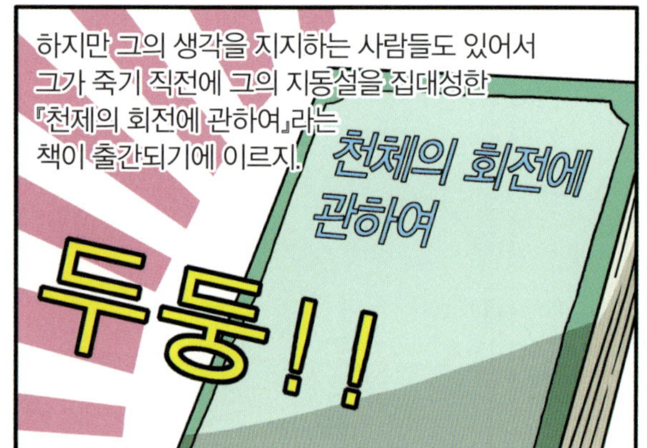

안드레아스 베살리우스(Andreas Vesalius, 1514년~1564년)

그게 바로 『인체의 구조에 관하여』라는 책이야. 인류 역사상 최초의 인체 해부학 책이었고, 현대에 나온 해부도처럼 그림이 정교해서 유명했지.

갈레노스
129년 그리스에서 태어난 갈레노스는 히포크라테스 이후
그리스 최고의 의학자로, 13살이 되기 전에 이미 3권의
책을 쓴 뛰어난 인물이야. 157년부터 로마 황제 아우렐리우스의
전속 의사로 활동했지. 갈레노스의 의학 사상은 '목적론'이라고
하는데, 모든 것이 신에 의해 특별하게 정해진 목적에 따라
생겨났다고 주장해서 중세 기독교의 절대적인 지지를 받았단다.

베살리우스는 자신의 책에서 갈레노스가 잘못 알았던 사실을 200여 가지나 밝혀냈어.
잘못된 건 바로 잡아야지.
인체의 구조에 관하여

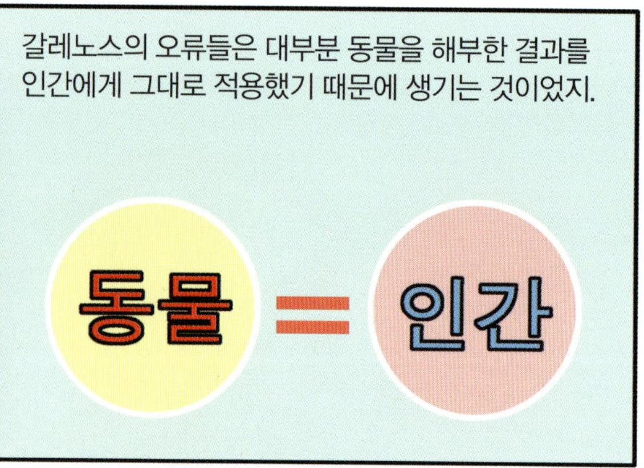

갈레노스의 오류들은 대부분 동물을 해부한 결과를 인간에게 그대로 적용했기 때문에 생기는 것이었지.
동물 = 인간

또한 베살리우스는 남자와 여자의 갈비뼈의 수가 똑같다고 주장했어.

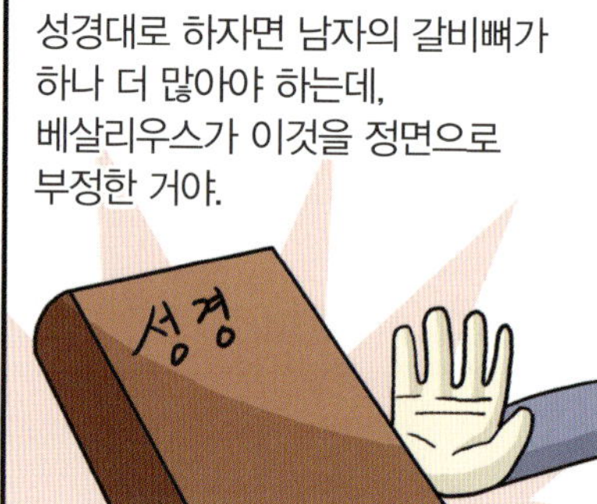

성경대로 하자면 남자의 갈비뼈가 하나 더 많아야 하는데, 베살리우스가 이것을 정면으로 부정한 거야.
성경

원래 태어날 때는 남녀의 갈비뼈 수가 같으나 인간의 몸이 나이가 들고 세월이 지나면서 갈비뼈 수가 변한다고 설명하는 종교계의 주장을 반박했어.

베살리우스의 용기가 있었기 때문에

잘못된 의학 지식을 바로 잡고

사람들의 질병을 치료하는 데 해부학을 제대로 적용하는 기반을 만들 수가 있었던 거야.
인체의 구조에 관하여

무조건 진리라고 강요된 학문들에 대한 도전의 물꼬를 열어 주어, 암흑시대에 갇혀 있던 과학의 다른 분야들까지 발전하는 계기가 된 것이지.
내 말이 진리였는데~.

체육시간에 운동을 하거나 달리기를 하면 심장이 뛰는 것을 느낄 수 있지?

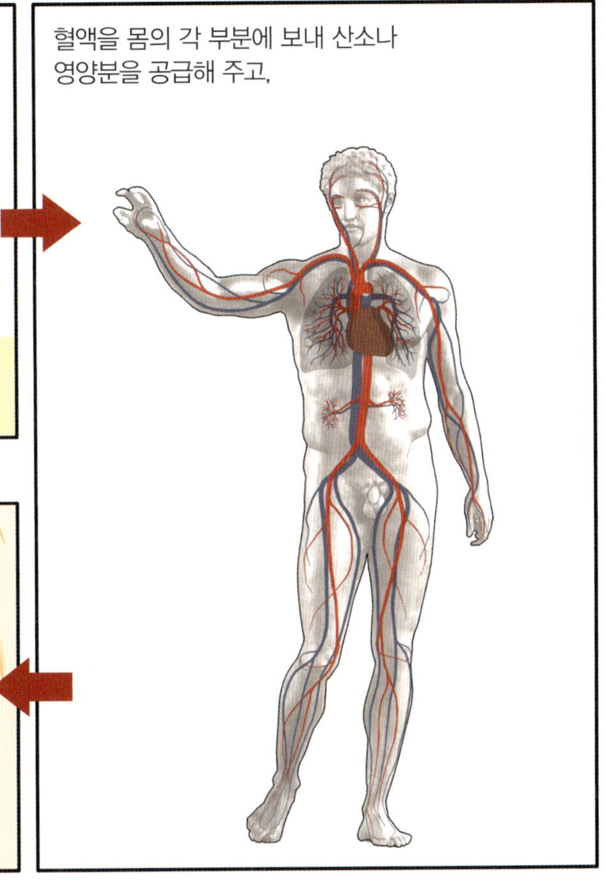

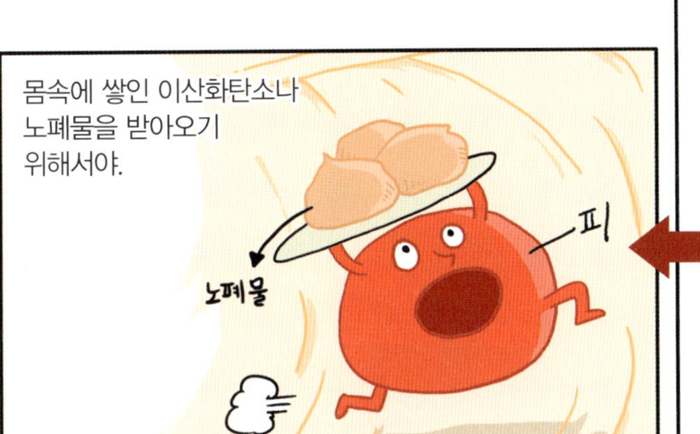

윌리엄 하비(William Harvey, 1578년~1657년)

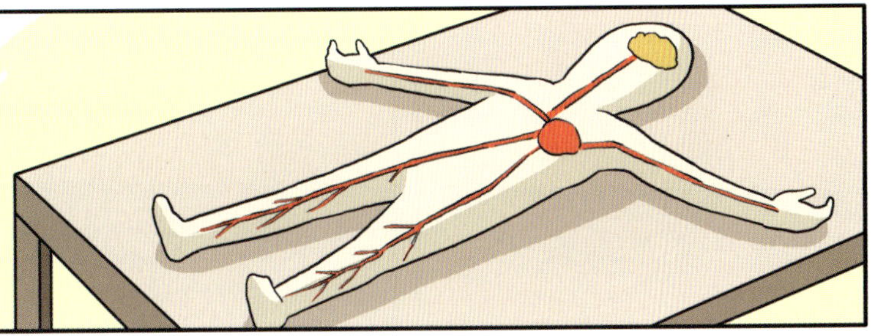

정맥에 흐르는 피는 음식으로 흡수한 영양분으로 간에서 만들어지는 것인데, 이 피가 몸의 각 부분에 영양분을 공급하고 다시 심장으로 들어간다고 했어.

갈레노스는 피가 간에서 만들어져 몸의 각 부분으로 이동한 후 없어지고 계속 새로운 피가 만들어진다고 생각한 거야.

피의 이동에서 심장의 기능을 설명하면서 갈레노스는 심장의 가운데 막에 구멍이 뚫려 있기 때문에 두 종류의 피가 이동할 수 있다고 했어.

갈레노스의 피의 이동에 대한 이론은 다른 의학 이론들과 마찬가지로 아무런 의심 없이 받아들여졌지.

그러나 하비는 갈레노스의 이론에 의심을 품었어.

그의 끝없는 의심은 새로운 과학의 길을 열어 주었지.

하비는 갈레노스의 생각이 틀렸다는 것을 보여 주기 위해

잔인하지만 동물들을 살아 있는 상태에서 해부했단다.

하비가 살아 있는 동물의 동맥을 자를 때 피가 솟아 나왔는데 피는 간이 아닌 심장에서 솟아 나왔어.
으헉, 이럴수가!
꼴까닥~

그렇다면 이 피는 어떻게 생기는 걸까?
?
피

갈레노스의 생각처럼 매번 새로 만들어지는 걸까? 하비는 이 의문을 과학적인 방법으로 풀려고 했어.
피는 매번 새로 만들어진다니까.
이런 건 과학적 방법으로 풀어야 돼.

그는 심장이 한 번 수축할 때 약 70cm³의 피가 나오는 것을 측정했단다. 심장은 1분에 보통 70~80번 수축하므로 1분에 심장에서 나오는 피의 부피는 약 5리터이며,
70cm³
5리터
1번 수축

1시간 동안에는 무려 300리터의 피가 나온다는 사실을 계산으로 밝혔지.
우와, 양이 무척 많은걸.

1시간 동안 심장에서 나오는 피의 양은 동물의 몸무게보다 훨씬 많은 양이기 때문에
음메

갈레노스의 이론대로 간에서 영양분을 이용해서 피가 만들어지는 것은 불가능하다는 결론을 내렸단다.
당신의 이론은 틀렸어!
…

결찰사 : 병원에서 신체의 일부를 묶는 데 사용하는 실.

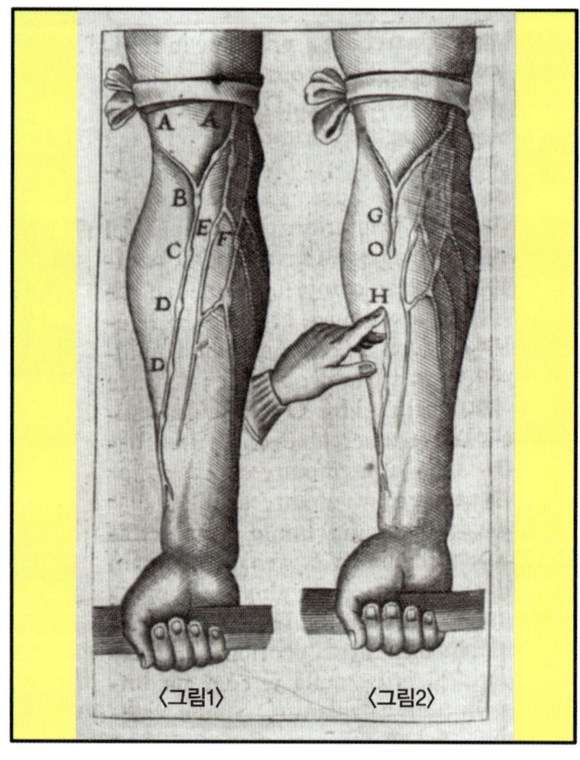

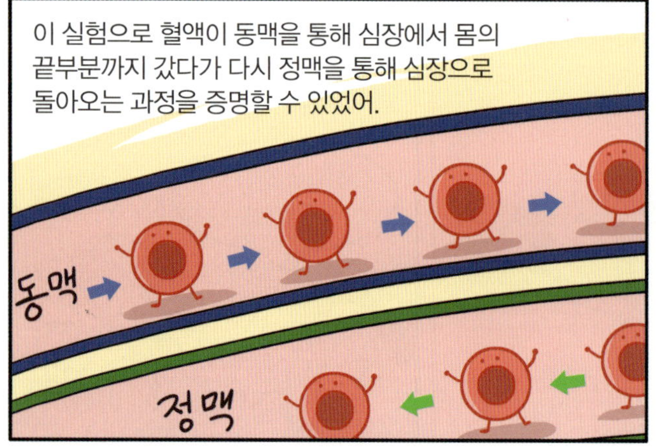

나는 살아 있는 생명체를 대상으로 실험을 한 최초의 생물학자라 할 수 있지.

그는 실험이나 관찰에 충실했을 뿐만 아니라 정량적인 계산으로 자신의 이론을 증명해서, 이후 과학자들의 연구 방법에도 영향을 많이 끼쳤지.
기록지

그의 연구는 중세 시대부터 전해 오던 인간에 대한 관점을 바꾸어 놓았어. 영혼이 피를 만들고 그 피가 몸 구석구석에 영혼을 전달하여 생명이 유지된다는 잘못된 생각에서 벗어나
중세 시대
심장

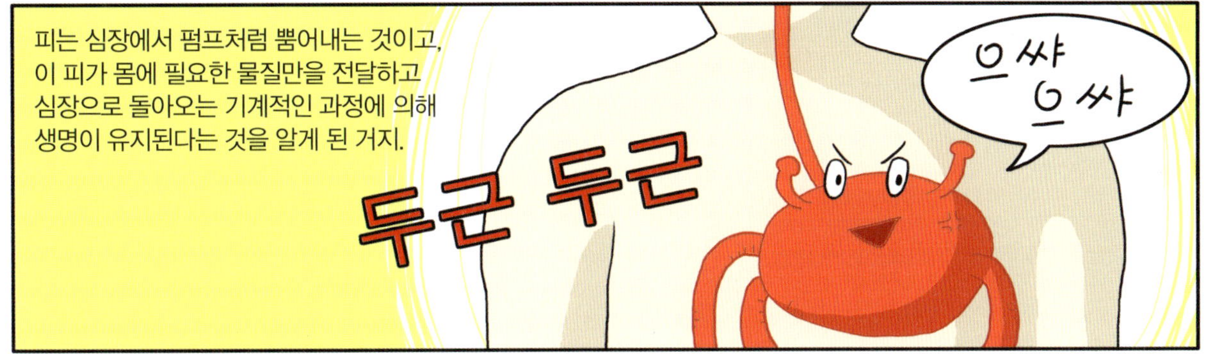

피는 심장에서 펌프처럼 뿜어내는 것이고, 이 피가 몸에 필요한 물질만을 전달하고 심장으로 돌아오는 기계적인 과정에 의해 생명이 유지된다는 것을 알게 된 거지.
두근 두근
으쌰 으쌰

하비의 인간과 생물에 대한 발전된 생각 덕분에

의학과 생물학이 과학의 반열에 오르게 됐단다.
나도 과학!

과학을 싫어한 기독교와 과학을 숭배한 이슬람

오늘날을 흔히들 첨단 과학 문명의 시대라고 말하는 것을 들었을 거야. 손바닥만 한 크기의 스마트 폰이 하는 일을 보면 과학 문명의 끝은 어디까지일까 하는 생각이 들 정도로 우리의 과학 문명은 힘차게 발전하고 있어.

하지만 과학은 한때 길고 어두운 시절을 보낸 적이 있어. 그 시작은 로마 시대였지. 그리스 시대에 융성했던 과학은 로마 시대에 쇠퇴하기 시작했는데 학자들은 그 이유가 종교 때문이라고 해.

로마 제국의 관료들 사이에서는 페르시아 빛의 신 미트라스를 섬기는 밀교가 유행했어. 이 밀교를 바탕으로 반이성적인 신비롭고 은밀한 점성술이 퍼지면서, 그리스 과학이 만든 인류의 지성을 멀리했지. 하지만 이것은 시작에 불과했어.

기독교가 세력을 얻은 후부터 과학은 인간의 학문 중에서 가장 보잘것없는 것으로 추락하고 말았어. 로마 황제 콘스탄티누스는 밀라노 칙령(313년)으로 기독교를 장려하고, 391년에는 기독교를 로마 제국의 공식 국교로 선언하여 기독교에 큰 힘을 실어 줬어.

초기 기독교 지도자들은 계시와 사후 세계 그리고 그리스도의 재림을 강조하며 자연을 탐구하는 문화에 적대적이고 회의적인 태도를 가졌단다. 기독교도들에 의해 알렉산드리아 도서관의 책이 불타고, 최초의 여성 수학자이자 최초의 여성 박물관 연구원으로 알려진 히파티아(Hypatia)가 기독교 광신자들에게 살해되며 수백 년을 이어온 그리스의 철학과 과학은 사실상 종말을 맞게 되었어.

이렇게 서방의 과학이 긴 암흑 속에서 잠잠히 숨을 죽이고 있을 때 다행히도 동쪽의 이슬람 문명에서는 과학이 대우를 받았어. 이슬람은 사회적·문화적 역량을 발휘하여 거대한 세계 문명을 이끌었고 이를 선도한 이슬람의 과학

콘스탄티누스 황제 1세(274년~337년).

은 약 500년 동안 번창했어.

이슬람은 기독교와 유대교에 대해 관용적이었으며 자신들의 책을 소중하게 여길 줄 아는 '책의 사람들'이었어. 이슬람 지배자들이 그리스의 철학, 과학을 비롯한 외국 문화 전통에 대한 학습을 장려한 덕분에 중세 시대 이슬람은 그리스 과학의 전통을 잘 이어갈 수 있었어.

이슬람 문명은 적어도 9세기부터 13세기까지 사실상 과학의 전 분야에서 세계 최고였단다. 이슬람교의 창시자 무함마드(Muhammad, 570년~632년) 이후 4세기에 걸쳐 활동한 이슬람 과학자의 수가 탈레스 이후 4세기 동안 활동한 그리스 과학자의 수와 비슷하다는 단순한 사실로도 이슬람 과학의 힘을 알 수 있지.

그러나 오늘날 많은 사람들은 중세 이슬람 과학을 제대로 인정해 주지 않아. 특히 유럽 사람들은 이슬람 과학을 고대 그리스 과학을 중세 유럽으로 전달한 통로 정도로 폄하하기 일쑤지. 이것은 잘못된 시각이야. 이슬람 과학을 서양 전통에 포섭하려고 하는 매우 비역사적인 행위인 셈이지. 중세 이슬람 문명과 과학은 그 자체로 평가되어야 할 거야.

9세기부터 13세기까지 이슬람 과학은 세계 최고였다.

6장
과학 혁명이 인류의 운명을 뒤바꾸다!

갈릴레오 갈릴레이(Galileo Galilei, 1564년~1642년)

갈릴레이는 엉뚱한 행동을 하곤 했는데, 다른 강의실 문 앞에서 강의를 몰래 엿듣거나,
?
강의실

강의가 끝난 학생들의 노트를 함부로 들춰 보기도 했으며
이봐, 뭐하는 거야?
하하, 역시 재밌어.

수학을 전공한 학생들과 논쟁을 벌이기도 했어.
내 말이 맞아.
VS
무슨 소리!

그의 수학 실력은 점점 소문이 나, 어떤 수학 교수는 갈릴레이를 지도하겠다고 자원하기도 했지.
누구세요?
자네가 그 유명한 갈릴레이인가?

그는 수학에 대한 열정 때문에 학위도 받지 않은 상태로 21살 때 학교를 중퇴했는데,
다시 돌아오마!

수학에서 천재적인 재능을 발휘해 1589년 불과 25세의 어린 나이로 피사 대학의 교수가 되었고,
학생 여러분, 안녕!
교수가 정말 젊네.

수학과 과학 분야에 새로운 학풍을 일으키기 시작했단다.
가자, 새로운 가르침으로!
새 로 운 학 풍

당시 과학계에서는 아리스토텔레스의 학설이 모든 분야에서 절대적인 권위를 누리고 있었어. 학자들은 자연과학의 모든 문제를 아리스토텔레스의 책을 인용하여 답을 찾곤 했지.
아리스토텔레스는 역시 굉장해.
연구실
아리스토 텔레스
학설

갈릴레이는 이런 과학계에 정면으로 도전장을 냈어.
내 도전을 받아라!
도전장

갈릴레이는 실험을 통해 '모든 물체는 무게에 관계없이 같은 속도로 떨어진다.'는 사실을 증명했단다.
어느 것이 먼저 떨어지려나?

갈릴레이는 근 2,000년 동안이나 과학계에서 진리처럼 지켜졌던 아리스토텔레스의 아성을 근본부터 흔들었거든.
혁혁
쾅쾅
아리스토텔레스 과학의 성

그러나 많은 사람들은 이 실험을 직접 보고도 믿지 않았어. 실험과 증명에 익숙하지 않은 사람들이었고,
이런 걸 우리더러 믿으라는 거냐?
…

'무거운 것이 먼저 떨어진다'라는 아리스토텔레스의 오래된 학설을 철석같이 믿었기 때문이야.
당근 무거운 게 먼저 떨어지지.

이 일로 오히려 갈릴레이는 자기주장만 고집하는 싸움꾼이며,
싸움꾼이니 조심하길.
싸움꾼
갈릴레오 갈릴레이

반역자 취급을 받게 되었어.
야, 이 반역자야!
‥‥

지오다노 브루노(Giordano Bruno, 1548년~1600년)

브루노의 처형 장면을
처음부터 끝까지 본 갈릴레이는
화르르

브루노의 끔찍한 죽음과 사람들의 무지함에
충격을 받아 사흘 동안 식음을 전폐했단다.
…

1608년 갈릴레이는 아주 특별한 소문을 들었는데, 멀리 있는 물체를 크게 볼 수 있다는 렌즈에 관한 이야기였어.
네덜란드 안경장수가 아주 신기한 유리를 팔더라고.

갈릴레이는 렌즈를 구해 소문을 확인했지. 머리가 똑똑하고 손기술이 뛰어난 갈릴레이는 직접 렌즈를 깎아 망원경을 만들었어.
우와, 이거 굉장하네.

망원경은 처음에는 돈벌이나 군사적인 목적으로 개발됐지만

나중엔 과학을 위해 사용했단다.

(갈릴레이가 관측한 후 직접 그린 달표면)

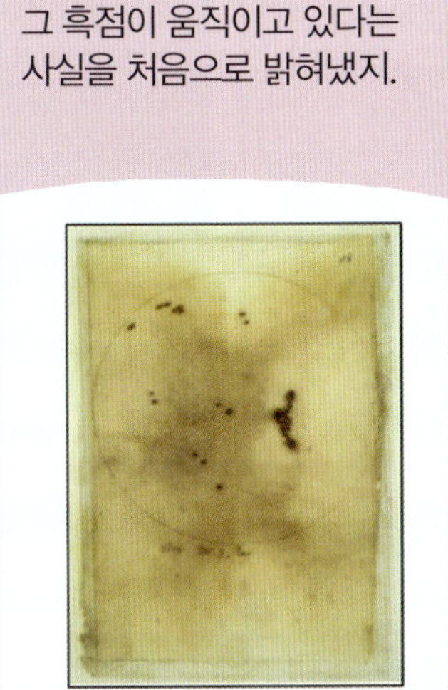

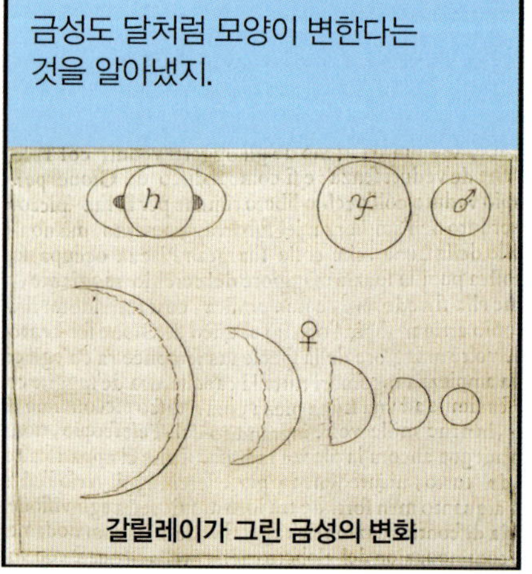

갈릴레이가 그린 금성의 변화

갈릴레이가 하늘에서 얻은 위대한 발견은
아리스토텔레스와 프톨레마이오스의
천동설과
위대한 발견
아리스토텔레스
프톨레마이오스

당신들은 틀렸소!!
교회의 가르침이 틀렸고
워 뭐라고?

코페르니쿠스의 지동설이
옳다는 걸 증명했지.
지동설
당신 말이 맞소!!
내가 맞다고 했잖아.

하지만 세상의 반응은 냉담했어.
성직자와 동료 교수들은
갈릴레이를 인정하지 않았고,
당신은 미쳤어!

목성 주위에 있는 네 개의 위성은
망원경에 얼룩이 묻은 결과이며,
금성의 모양 변화는
착시 현상이라고 했지
착시 현상이야.
얼룩이 꼈어!

1616년 종교재판소는 갈릴레이의
저작 활동을 금지하는 명령을 내렸고,
코페르니쿠스의 태양중심설은
거짓이라고 선언했으며,
탕탕
유죄

알 림
태양이 세계의 중심에 있다는 주장은 명백하게
성서에 위배되는 이단적인 이론이다. 지구가
세계의 중심에 있지 않고 회전 운동을 한다는
주장은 철학적으로 그릇된 견해이다.
이럴 수가!

훈령을 발표해서 코페르니쿠스의
이론을 지지하는 모든 행위를
법으로 금지했단다.

갈릴레이는 로마 교회의 블랙리스트에 올라 감시를 받게 되었어. 그러나 남에게 지기 싫어했던 갈릴레이는 늘 논쟁의 중심에 있었어.
W C

자연 현상의 연구는 성서의 권위에 의지할 것이 아니라 타당성 있는 실험을 통해 실제로 증명되어야 합니다!
?

이렇게 도전적으로 주장하다 교회로부터 크게 문책을 당했으며,
이런 괘씸한!

추기경 회의로부터 태양중심설을 가르치거나 변호하지 말도록 경고를 받았지.
경고!

갈릴레이는 강의나 공식적인 발언은 하지 않고 조용히 지냈지만,
강의를 못하게 하니 어떻게 한다…?

자신의 우주관을 담은 책을 발간하여 자신의 생각을 사람들에게 전파하려고 노력했지.
책을 써야겠군.

그러다가 갈릴레이는 69세의 늙은 나이에 두 번째 종교 재판을 받게 되었고, 결과는 사형이었지.
사형을 선고한다!
탕탕

다행히 늙은 갈릴레이를 불쌍하게 여긴 교황이 추기경들을 설득하여 목숨만은 살려 주도록 했는데,

대신 갈릴레이는 자신의 생각과는 다른 선서를 해야 했어.
선서해!

교회가 가르치는 모든 것을 믿으며, 그에 반하는 태양중심설과는 결별하고, 앞으로 이러한 내용의 것을 말로나 문서로 발표하지 않을 것을 약속합니다.
선서!

이렇게 선서한 후 금고형을 받고 재판소를 빠져나왔어.

그래도 그것(지구)은 움직인다.

강요에 못 이겨 지동설을 포기했지만, 마음속으로는 굳게 믿었던 것이지.

종교 재판을 받은 후 갈릴레이는 피렌체 교외에 있는 자기 집에 감금당했는데,

심한 안질에도 불구하고 망원경을 이용한 연구를 계속하는 바람에 시력을 완전히 잃게 되었어.
누, 눈이 보이지 않아….

1642년 1월 8일 갈릴레이는 제자와 가족, 친척들이 보는 앞에서 78세의 나이로 생애를 마쳤어.
흑흑

갈릴레이는 평생 동안 과학을 통해 자연의 진실을 밝히려고 몸과 마음을 다 바쳤어. 갈릴레이는 코페르니쿠스가 문을 연 '과학 혁명'의 큰 길을 터 준 거야.
과학혁명

아이작 뉴턴 경(Sir Isaac Newton, 1642년~1727년)

★토마스 아퀴나스(Thomas Aquinas, 1224년경~1274년)

왕립학회(Royal society, 1666)

1665년, 영국 런던에는 무서운 흑사병(페스트)이 나돌았어.
앗, 너는!
하이
쥐

쥐로 인해 전염되는 이 질병으로 많은 사람들이 죽었지.
쥐

1666년이 되자 그 정도가 더 심해져 케임브리지 대학교도 문을 닫고, 사람들이 모두 런던을 빠져나갔어.

대학을 갓 졸업한 뉴턴도 하는 수 없이 런던을 떠나 고향인 울즈소프에 가서 약 2년을 지냈는데

그곳에서 뉴턴은 인류의 과학사에 큰 획을 긋는 위대한 발견을 많이 하게 되었지.

나중에 과학자들은 뉴턴이 울즈소프에 있었던 1666년과 1667년을 '기적의 해'라고 부를 정도였어.

어느 날 집 앞에 있는 사과 농장의 벤치에 앉아서 이야기를 나누며 차를 마시고 있었는데,

그때 뉴턴의 발 앞으로 사과 하나가 '툭' 하고 떨어지는 것을 보고,
툭

'사과는 왜 옆으로 떨어지거나 위로 떠오르지 않고 아래로만 떨어지는 것일까?' 하고 생각했지.

뉴턴은 지구가 사과를 당기고 있기 때문이라는 결론을 내렸어. 뉴턴이 위대한 과학자가 될 수 있었던 이유는 바로 이런 단순한 생각을 우주 전체로 확대시켰기 때문이야.

그는 지구가 달을 끌어당기고, 태양이 지구를 끌어당기듯이 우주에 있는 모든 천체가 서로 중력에 이끌리고 있다는 생각을 했고, 그 힘을 '만유인력'이라고 불렀어.
그만 끌어당겨.
만유인력

울즈소프의 벤치에서 만유인력의 기본 개념을 깨달은 뉴턴은

그 후로 만유인력에 대해 집중적으로 연구하기 시작했어.

뉴턴의 이야기를 들은 사람들은 모두들 어리둥절해했지.

그 전까지는 아무도 달이 지구 둘레를 도는 이유를 몰랐고,

그는 지구를 공전하고 있는 달에 적용되는 원리라면 태양을 공전하고 있는 행성들에도 적용될 것이고,

또 과학적으로 설명이 불가능하다고 믿었거든.

저 멀리 빛나는 별들에까지 적용할 수 있을 거라고 생각한 거야.
툭

떨어지는 사과에서 알아낸 만유인력의 특성을 지구와 행성과 별의 운동에 적용하여

비켜!
부딪힌다!
슈우웅
헉
행성들이 서로 충돌하거나 가운데로 뭉치지 않는 이유를 설명할 수 있게 되었어.

그는 이 이론을 우주 전체에 적용할 수 있는 '만유인력의 법칙'으로 완성했단다.
만유인력
툭

우주를 만들고 우주를 움직이는 신비한 힘인 만유인력을 발견한 뉴턴의 과학적 업적은 대단한 것이었어.
과학의 업적

신 중심 사고에서 완전히 벗어난 과학적 원리에 의한 새로운 우주관을 탄생시켰지.

그의 만유인력은 하늘과 땅과 모든 곳에서 적용되는 과학적 원칙이므로,

뉴턴은 하늘의 과학과 땅의 과학적 경계선을 없앴다고 할 수 있지.

예를 들면 천문학과 물리학이 서로 다른
학문이 아니라 관련이 있다는 것을
알게 되었고, 물리학을 설명하기 위해
수학이 반드시 필요하게 된 거야.

로버트 보일(Robert Boyle, 1627년~1691년)

뉴턴은 이 생각을 발전시키고 완성했어. 특히 우주에 공통으로 작용하는 만유인력이라는 구체적인 힘을 발견했기 때문에 뉴턴을 기계론적 우주관의 완성자라고 불러.

또 그는 빛을 연구하여 광학이라는 과학을 정립했고,

『프린키피아』라는 책을 통해 물질의 운동이나 현상을 역학과 수학으로 설명했어. 이 책은 근대 과학의 토대가 되어 주었지.

우주와 자연에 감추어진 진실을 뉴턴보다 더 많이 찾아낸 사람은 없어. 뉴턴이 자연의 비밀을 밝혀낸 덕에 우리는 달나라에 다녀왔고,

수많은 인공위성을 쏘아 올렸으며, 태양계 밖으로 우주 탐사선을 보내 우주에 대한 탐구를 할 수 있게 되었지.

그의 묘비에는 라틴어로 '지하의 사람들은 인류의 자랑이 그들의 대열에 합류함을 기뻐할지어다'라고 쓰여 있어.

그야말로 뉴턴은 진정한 인류의 자랑이었던 거야.

당시 사람들은 뉴턴에 의해 과학 혁명이 완성되었으니
더 이상의 과학은 없다고까지 말했어.

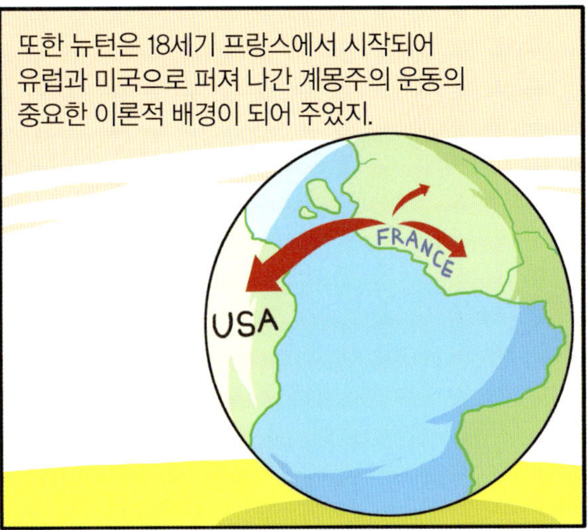

또한 뉴턴은 18세기 프랑스에서 시작되어
유럽과 미국으로 퍼져 나간 계몽주의 운동의
중요한 이론적 배경이 되어 주었지.
FRANCE
USA

그래서 뉴턴을
'계몽주의의 아버지'라고도 해.
사람들은 그의 사상을 모아서
'뉴턴 과학' 또는 '뉴턴주의'
(Newtonism)라고 불렀단다.
하하,
쑥스럽구먼.

뉴턴주의의 특징은
두 가지로 정리할 수 있어.
하나는 『프린키피아』에서
볼 수 있는 정확하고
수학적이며 기계적인
연구의 경향이고,

또 하나는 『광학』에서 나타난 상상력에 근거한
실험주의 정신이야.

18세기 뉴턴주의자들은 화학, 전기, 자기 등
여러 분야에서 뉴턴의 과학 정신을 잘 드러냈어.
N
S
와아

뉴턴 때문에 인류는 제대로 된 과학을 알게 되었고,
그 과학은 인류 문명을 통째로 바꾸어 놓았지.

인류를 구해 낸 과학자들의 '실수'

과학이 진보하려면 특별한 계기가 있어야 해. 예를 들어 전에 없던 뛰어난 관측기구의 발명이나, 정치적인 목적, 아니면 지배자들의 욕심 같은 이유가 필요하지. 그런데 이러한 원인 중에 '질병'이 과학의 발전에 큰 역할이 한 경우가 있어.

대표적인 예가 뉴턴이 이룩한 과학적 발견들이야. 영국의 물리학자로 근대 과학과 수학의 기초를 닦은 뉴턴(Newton, 1642년~1727년)이 케임브리지 대학에 다니던 1665년, 당시 영국 런던은 페스트가 크게 유행해 도시 전체의 활동이 중단되고 말았어. 당연히 그가 다니던 학교도 문을 닫아 뉴턴은 자신의 고향인 링컨셔의 울즈소프로 돌아갈 수밖에 없었지. 그곳에서 뉴턴은 그동안 미뤄 왔던 여러 가지 주제를 깊이 있게 연구할 수 있었고 빛의 스펙트럼, 만유인력의 법칙, 미적분 등 3대 발견을 이룰 수 있었지.

만약에 당시 영국 런던에 페스트가 번지지 않았으면 어떻게 되었을까? 뉴턴이 조용한 고향으로 돌아가 홀로 깊은 사색을 할 시간을 갖지 못했을 거야. 아마 케임브리지에 남아 훌륭한 교수가 되기 위해 경쟁을 했을지도 모르고, 그랬다면 그처럼 뛰어난 연구 결과를 짧은 시기에 내놓지 못했겠지.

비슷한 예를 페니실린이라는 인류 최고의 항생제를 발견한 플레밍의 사례에서도 찾을 수 있어. 제1차 세계대전 때 플레밍은 영국 의무 부대의 일원으로 프랑스에서 근무했어. 그의 관심 분야는 세균 감염, 그중에서도 피부와 외부에 생긴 상처의 세균 감염이었지. 당시 군인들은 총이나 포탄에 맞아 죽는 것보다 세균 감염으로 죽는 숫자가 더 많았거든.

전쟁이 끝난 후 플레밍은 세인트메리 병원에서 신체의 자연 방어 체계의 손상이나 세균에 감염된 조직에 해를 끼치지 않고 세균을 퇴치하는 방법을 연구하고 있었어. 1928년 7월, 플레밍이 실수로 연구실의 창문을 열어 둔 채 휴가를 떠났고 마침 그가 배양하던 포도상 구균이 든 배양 접시의 뚜껑도 약간 열린 채 방치

실험실에서 연구 중인
플레밍의 모습.

된 상태였지. 그때 플레밍의 연구실 아래층에서 다른 연구자들이 연구하던 곰팡이 포자가 바람에 날려 플레밍의 배양 접시에 내려앉게 된 거야. 운이 좋게 적정 기온이 유지되어 푸른곰팡이(페니실린)가 번식을 잘 할 수 있었고, 그 주변의 포도상 구균은 죽어 있었지.

휴가를 다녀온 사이 배양 접시에서 일어난 일을 본 플레밍은 푸른곰팡이 주변에 세균이 자랄 수 없다는 사실을 알게 되었고, 이렇게 인류의 평균 수명에 큰 변화를 가져온 페니실린이 발견된 거야.

그러던 중 제2차 세계대전이 일어났어. 페니실린을 발견한 당시에는 대량으로 생산하는 방법을 알지 못했다가 제2차 세계대전에 참여한 미국의 적극적인 지원으로 페니실린을 대량 생산할 수 있었지.

페니실린은 연합군 측의 승리에 중대한 역할을 했어. 페니실린이 발견되지 않았다면 속수무책으로 죽어 갔을 수백만의 병사들이 부상을 당하고도 살아남을 수 있었고 그 후로도 페니실린은 수억의 인명을 구했단다.

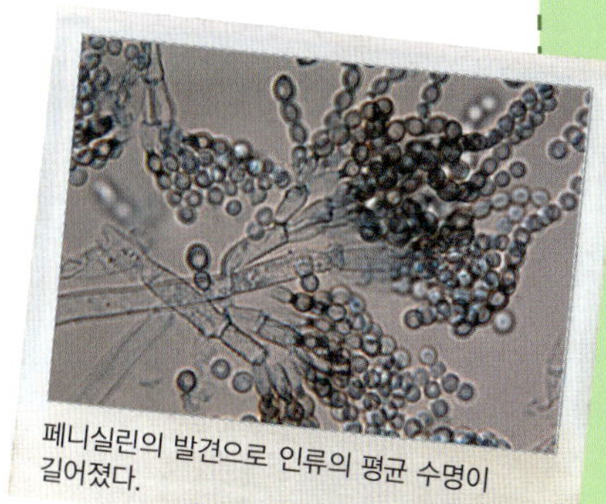

페니실린의 발견으로 인류의 평균 수명이
길어졌다.

7장
세상의 모든 과학을 하나로 묶어라!

그래서 기상학, 생물학, 지질학 등 과학의 각 분야에서 아마추어 과학자들이 쏟아져 나왔어.
우린 아마추어 과학자들이야.

과학의 비약적인 발전이 시작된 거지.

경제적인 능력이 되며 지적인 호기심이 많았던 귀족들이 그 흐름에 앞장섰단다.
빠 — 빰
훗, 우린 다 귀족 출신이라고.

그래서 당시 유럽 귀족 사회의 최대 관심사는 곤충 채집이었다고 해.

어떤 귀족이 그동안 발견되지 않았던 새로운 곤충을 발견한 날에는

그 집에서 큰 파티가 열릴 정도로 기뻐했단다.

기상학에서도 비슷한 경향을 보였어. 외딴 지방에 사는 아마추어 기상학자들은 마을의 날씨 변화를 관찰하고,
먹구름이 몰려온다.

그 결과를 정리하여 이를 관리하는
중앙의 기상학자에게 보냈는데,
중앙기상 관측소
오오, 그래.
수고했네.
여기, 날씨
기록입니다.

그들은 18세기
유럽 과학의 거대한
프로젝트에 참여하고
있다는 자부심을
가졌단다.
자네 공이
아주 크네.
하하,
뭘요.

전문적인 과학자,
아마추어 과학자,
일반인 등
역시 보람 있군.

많은 사람들이 자연과 함께
과학적인 시간을 보냈던 거야.

증권이나 부동산 등에
투자하는 방법을 공부하며
부 동 산

돈과 부를 쫓아다니는 현대인들과는 사뭇
달랐다고 할 수 있지.
우르르

이런 열기에 힘입은 유럽에서는 과학 활동이 엄청나게 다양해졌고, 연구 결과물이 매일 쏟아져 나왔지.
세계의 과학은 유럽이 주도한다.
유 럽

그래서 오늘날 우리가 알고 있는 과학자들 대부분이 영국, 프랑스, 독일 등 유럽 국가의 과학자들인 거야.
안녕, 여러분.

당시 과학 활동은 크게 두 갈래로 이루어졌어.
길
길

하나는 '고전과학(Classical science)'이야. 이것은 코페르니쿠스, 갈릴레이, 뉴턴 등에 의해 이루어진 과학혁명의 중심을 이루는 과학으로,
과 학 혁 명
클 래 식 사 이 언 스

우주에 관해 전반적으로 연구하는 천문학,

물체의 운동에 관한 법칙을 연구하는 역학,

수량 및 공간의 성질에 관해 연구하는 수학,

베이컨 과학(Baconian science)

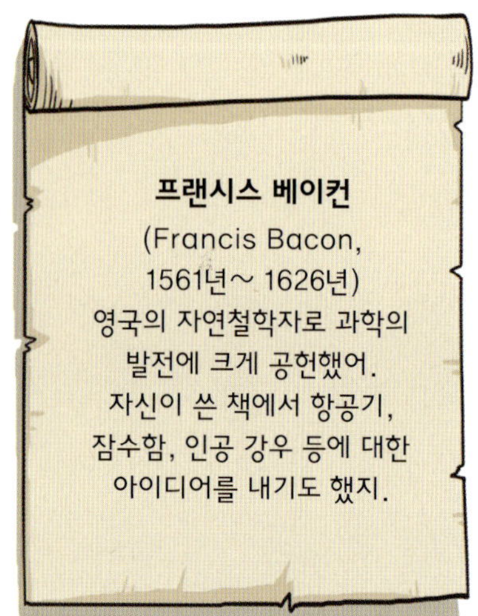
프랜시스 베이컨
(Francis Bacon,
1561년 ~ 1626년)
영국의 자연철학자로 과학의 발전에 크게 공헌했어. 자신이 쓴 책에서 항공기, 잠수함, 인공 강우 등에 대한 아이디어를 내기도 했지.

흠?
'베이컨 과학'의 연구 대상은 주로 생물학과
생물학

지질학, 기상학,
우르르
쾅

전기,
+
-

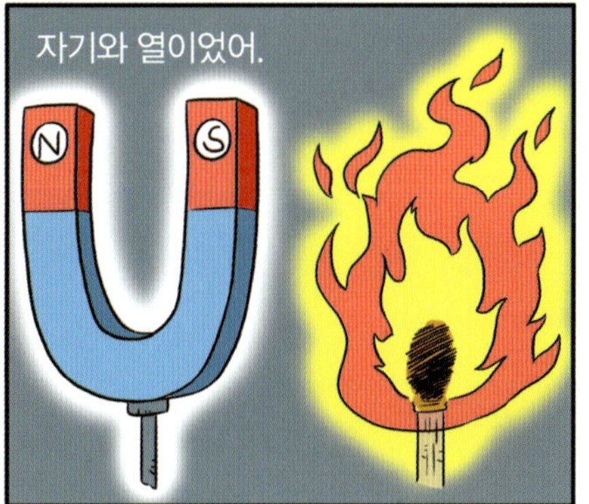

자기와 열이었어.
N
S

나 베이컨의 과학은 이론적이고 수학적인 고전과학과는 다르게 실험과 관찰을 통해 이루어졌노라.

그래서 베이컨 과학을 했던 과학자들의 집에는 매우 다양한 실험 장치들이 있었단다.

또한 베이컨 과학을 하는 과학자 단체가 직접 개인이 보낸 보고서를 저장하고 출간하는 중심체 역할을 하는 등,
과학자 단체
오늘도 수고가 많네.

베이컨 과학은 18세기의 기상학, 식물학, 지질학 등에서 큰 업적을 남겼어.
그게 베이컨 과학이라고.
베이컨
18세기

이렇게 유럽의 과학계는 뉴턴의 역학을 중심으로 하는 고전과학과
고전 과학

베이컨의 경험주의를 중요하게 여기는 베이컨 과학으로 나뉘어 발전했어.
베 이 컨 과 학

하지만 오래 가지 않아 과학계에서는 제2의 과학혁명이라 불릴 정도로 큰 변화가 일어났지.
변 화

첫 번째 변화는 과학을 수학적으로 정리하고 표현하는 것이었는데, 이는 주로 베이컨 과학의 영역에서 일어났어.
과학을 수학으로 풀어 볼까?
과 학

기상학에서 공기의 운동을 수학적으로 나타내는 등의 변화가 나타났지.
너희는 내가 풀어 주마!
수 학
바람
공기

두 번째 변화는 좀 더 본질적인 것으로, 각각 별개로 나누어져 연구되어 오던 과학이
유 럽

서로의 연관성을 찾아 통합되기 시작한 것이었어.
유 럽

루이지 갈바니(Luigi Galvani, 1737년~1798년)

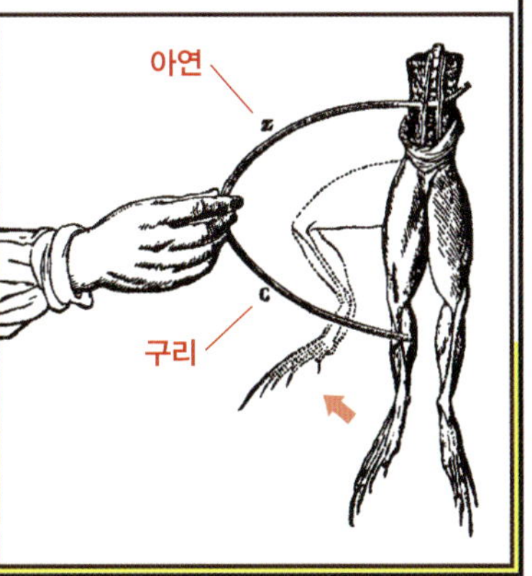

아연과 구리를 연결해
죽은 개구리의
다리 근육에 갖다 대자
개구리의 다리 근육이
경련을 일으키며
움찔거렸거든.

갈바니의 개구리 실험 그림.

알레산드로 볼타(Alessandro Volta, 1745년~1827년)

볼타가 발명한 전지는 오늘날 우리가 사용하는 휴대폰, 장난감, 자동차의 배터리 등

각종 제품에서 사용하는 전지의 모태가 되었지.
어 흠!!
저희를 만들어 주셔서 감사합니다.

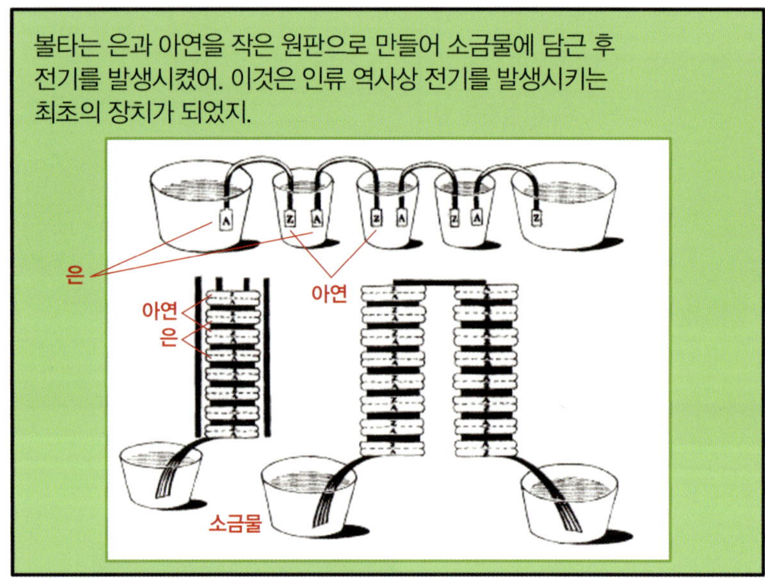

볼타는 은과 아연을 작은 원판으로 만들어 소금물에 담근 후 전기를 발생시켰어. 이것은 인류 역사상 전기를 발생시키는 최초의 장치가 되었지.
은
아연
아연
은
소금물

볼타의 전지 발명은 인류 문명에 획기적인 전환을 가져다주는 일이었어.

그 이후 인류가 전류를 다스리는 능력을 갖게 되었거든.
전기

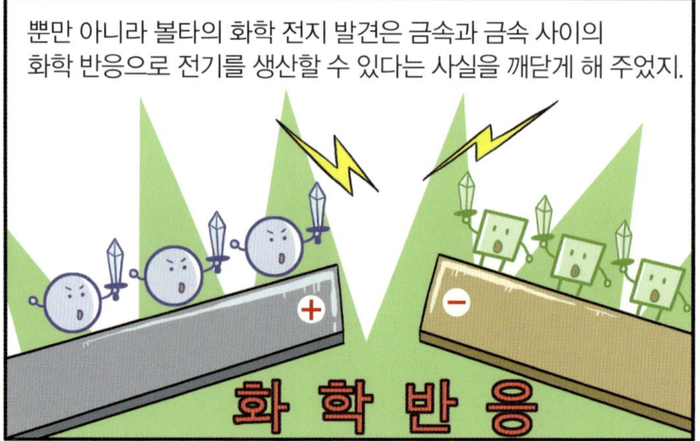

뿐만 아니라 볼타의 화학 전지 발견은 금속과 금속 사이의 화학 반응으로 전기를 생산할 수 있다는 사실을 깨닫게 해 주었지.
화 학 반 응

험프리 데이비(Humphry Davy, 1778년~1829년)

한스 외르스테드(Hans Christian Ørsted, 1777년~1851년)

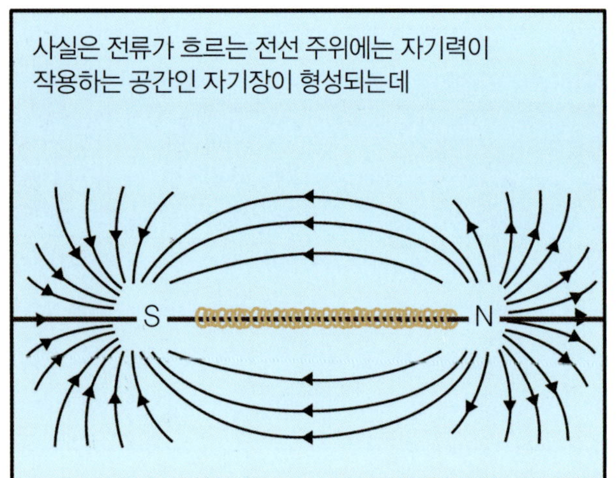

마이클 패러데이(Michael Faraday, 1791년~1867년)

이와 같은
통합의 경향은
열과,

빛,
팟

화학,
운동 등
데구르르

과학의 각 분야에서 자신의 분야만
연구하던 과학자들의 생각을
근본적으로 바꾸기 시작했어.
!
!
이것은?

왜냐하면 열, 빛, 화학, 운동 등이 상호 변환이 가능한
자연의 에너지라는 것을 깨닫게 되었거든.
운동
화학
열
빛

그래서 19세기
물리학 전체를 통틀어
가장 중요한 발전은

열과 운동에 관한 과학을 통합한
열역학이라는 전혀 새로운 이론 분야가
탄생한 것이라고 해.
19th
열역학

1840년대에 여러 과학자들이 열역학 제1법칙,
즉 '에너지는 보존된다'는 법칙을
독자적으로 발표했거든.

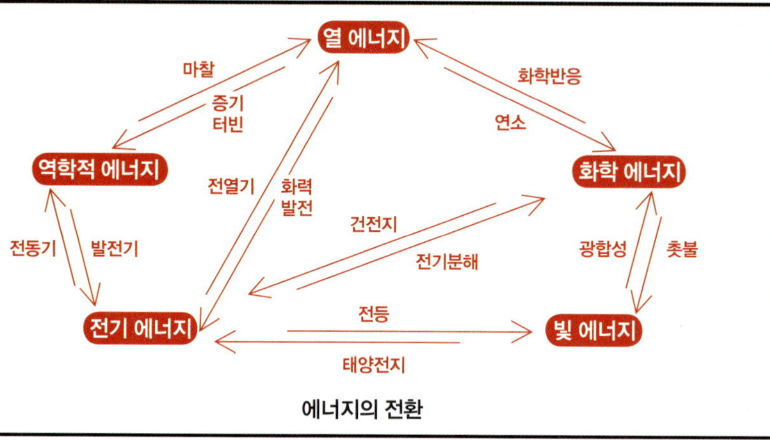

빛과 열과 역학적 운동력으로 바뀌는데 그중 역학적 운동력은 피스톤을 움직이고 피스톤은 기차를 움직이지.

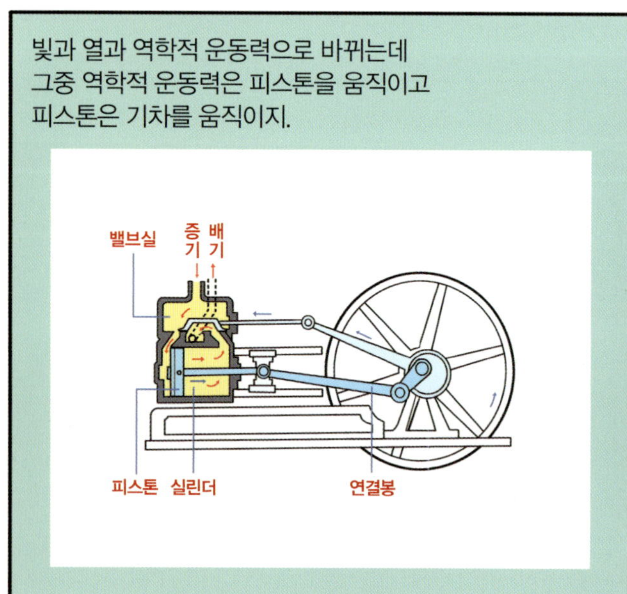

제임스 프레스콧 줄(James Prescott Joule, 1818년~1889년)

루돌프 클라우지우스(Rudolf Clausius, 1822년~1888년)

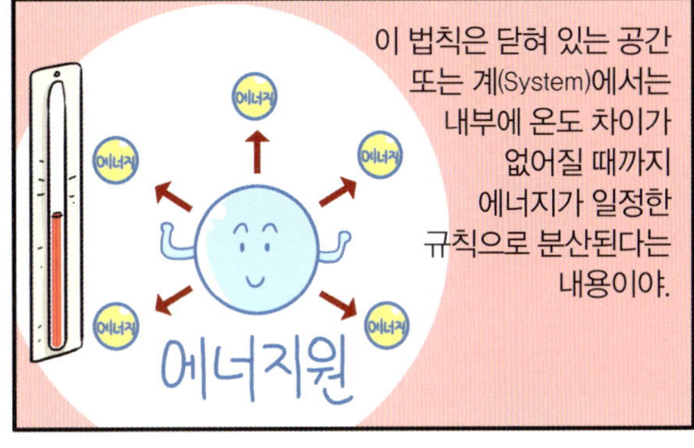

제임스 맥스웰(James Clerk Maxwell, 1831년~1879년)

하인리히 헤르츠(Heinrich Rudolf Hertz, 1857년~1894년)

헤르츠는 1887년과 1888년에 전자기파, 즉 전파의 존재를 실험적으로 증명했어.
우와, 성공이다!!

한쪽에서 아주 높은 전압으로 스파크를 일으키면 멀리 떨어진 곳에 둔 수신 장치에 그 변화가 감지된다는 것을 밝혀냄으로써

전자기파가 실제로 존재한다는 것을 증명한 거야.
이게 뭐야

헤르츠는 이 전자기파가 빛의 속도로 이동하며, 반사하거나 회전을 하는 등
헉!!
슝
전자기파
빛
안녕!

빛이 가진 성질을 그대로 나타내는 것을 발견해서,
이것을 헤르츠라고 이름 붙이자.

빛이 전자기파의 일종이라는 것을 밝혀내는 위대한 업적을 남겼지.
가자, 빛의 속도로!!
빛

이로써 라디오 및 텔레비전, 휴대폰 등의 통신 기술이 탄생했고, 전파망원경으로 우주를 관측하는 등 인류는 첨단 통신 문명의 시대에 살게 되었어.
나 아인슈타인이 가장 존경한 과학자는 바로 맥스웰이야.

맥스웰의 초상화를 구해 방에 걸어 두고,

매일 그를 보며 그와 같은 과학자가 되길 꿈꾸었지.

상대성
이론
내가 나중에 상대성 이론을 발견한 것도
맥스웰의 덕분일지 몰라.

맥스웰을 존경했던 이유는
전기와 자기, 열과 빛 등 과학에서
매우 중요하게 여기는 자연 현상을
전기
열
빛
자기

그가 하나의 통합된 과학으로
해석할 수 있는 바탕을
만들었기 때문이야.
이 세상의 물리학적인
현상은 내가 만든 과학으로
모두 설명할 수 있다.

오랜 세월 별개의 과학으로
각각 떨어져 발전해 왔던 것을
하나의 과학으로 통합했소.
통
합

그 결과 오늘날
위대한 과학의 힘을
마음껏 누리게 되었지.

그래서 사람들이
이 일을 제2의
과학혁명이라고
부르는 거야.
제2의 과학혁명

나일론 스타킹에 숨어 있는 과학사 명장면

오늘날 과학은 우리 생활을 윤택하게 만드는 많은 물건과 관련되어 있고, 그것은 경제적인 이윤과도 관련이 깊어. 또한 새로운 과학의 발견이나 발명은 개인과 기업체 그리고 나라를 부강하게 만들어 준단다. 따라서 최근에는 과학을 상업적인 발전에 이용하려는 경향이 자연스럽고, 대기업들은 각각 과학 관련 연구 기관을 운영하지. 일부 과학자는 이와 같은 과학의 상업주의를 비판하기도 하지만, 현실은 상호 보완의 방향으로 가고 있어. 과학이 상업주의와 연계되어 크게 관심을 받게 된 것은 언제부터일까?

제2차 세계대전을 거쳐 냉전 시기에 이르기까지를 20세기 기술의 황금시대라고 부를 정도로 이 시기에는 기술이 크게 발달했어. 여유가 있는 기업들은 이 시기에 외부로부터 특허를 사들여 이윤을 창출하는 수단으로 삼았지. 대표적인 회사가 미국의 듀폰사야. 하지만 듀폰사는 외부에서 기술을 사들이는 것에서 더 나아가 회사 내에 과학 연구실을 두고 직접 발명을 하기로 했어.

1928년에 당시 31세의 하버드 대학 강사이던 월리스 흄 캐러더스가 이 연구실에 합류하기로 했지. 가르치는 일에 열의를 느끼지 못했던 그는 제한 없이 자유롭게 실험을 할 수 있고, 자신이 발견한 사실을 발표할 권리를 보장한다는 회사의 약속에 매력을 느낀 거야. 그는 일상생활의 번잡스러운 일들에서 벗어나 조용한 실험실에서 행복하게 연구 활동에 임하게 되었지.

캐러더스의 연구 주제는 중합체(Polymer)라는 것이었어. 중합체는 긴 사슬 모양을 한 분자들이 수십만 개나 연결된 상태의 물질로 비단의 부드러움과 고무의 탄성을 지닌 매력적인 물질이지. 캐러더스는 새로운 중합체 사슬을 합성하는 연구에 전념했어. 1930년 4월 17일 캐러더스 팀의 한 연구원이 실험 중에 우연히 흰색의 고무 같은 물

캐러더스(Wallace Hume Carothers, 1896~1937)

질을 발견했는데, 그것이 바로 인류 최초의 합성 고무인 네오프렌(Neoprene)이었지. 네오프렌은 천연고무보다 훨씬 단단하고 탄성이 좋았어. 이 발견으로 듀폰사는 그동안 연구실에 투자한 비용과는 비교가 되지 않을 엄청난 이익을 얻을 수 있었단다.

네오프렌으로 만든 다양한 상품들

그러나 이것은 시작에 불과했어. 캐러더스는 세상을 변화시킨 또 하나의 발견을 해냈지. 그는 특수 증류기에서 녹아 있는 중합체 물질 속에 유리 막대를 담갔다가 끌어올리는 과정에서 가느다란 실 같은 것을 발견했어. 새로 발견한 중합체 물질은 길이를 그대로 유지했을 뿐만 아니라 놀라운 유연성과 강도를 지니고 있었어. 연구는 거듭되어 1934년 5월 캐러더스는 '나일론'을 만들었단다. 나일론은 섬유, 코팅 재료, 필름, 플라스틱 등으로 가공, 생산되었고, 듀폰사는 어마어마한 이익을 얻었지. 1938년 10월 27일, 듀폰사는 대중들에게 합성 섬유의 브랜드를 '나일론(Nylon)'으로 소개하고 본격적인 상품화 계획을 발표했어. 1년 뒤인 1939년 10월 24일에 나일론은 여성들의 다리를 예쁘게 보여 주는 스타킹이라는 상품으로 출시되었지.

중합체라는 새로운 화학 물질을 탄생시킨 캐러더스는 미국과학아카데미 회원으로 선출되었고, 세계 최고의 중합체 화학자로 인정받게 되었단다.

8장
생명의 근원은 과연 어디쯤에 있을까?

오랜 세월 동안 인간은 생명의 근원을 신(神)으로부터 찾았어. 이것은 동양이나 서양이나 마찬가지였지.

신이라는 절대자의 권위에 의지해서 답을 얻으려고 했지.

그런데 19세기에 찰스 다윈에 의해 새로운 해석이 나왔어.

찰스 다윈(Charles Robert Darwin, 1809년~1882년)

사람들은 그의 이론을 '진화론'이라고 불렀으며 그의 진화론에 의해 사람들의 생각이 달라지고 사회를 보는 눈이 달라지자, 나중에는 '다윈 혁명'이라고까지 부르게 되었어.

다윈 혁명은 코페르니쿠스의 과학 혁명 못지않게 사람들과 과학계에 큰 영향을 주었고,

생물의 다양성을 설명하는 기본이 되었단다.

1859년 출간된 다윈의 『종의 기원』은 유럽 과학사에서 커다란 분수령이 되었어.

『종의 기원』에서 주장한 진화론의 다른 쪽에는 성경의 권위로 뒷받침되는 '창조론'이라는 세계관이 있는데,
종의기원
성경

창조론에 따르면 식물과 동물의 종(種)들은 각각 별개로 신에 의해 창조되었으며,
GOD
GOD

종은 언제나 변하지 않고 늘 고정되어 있지. 즉 같은 것이 항상 같은 것을 낳는다는 말이야.

이 세계관에 따르면 그리 오래되지 않은 약 6,000년 전쯤 지구가 창조되었으며,

이어서 각각의 종이
개별적으로 창조되었다고 해.

창조론

그리고 노아의 홍수와 같은 대재앙은
처음의 지구 환경을 바꾸었고,

오늘날 우리가 사는 땅과
우리가 보는 자연은
그때에 형성된 것이라고 했지.

또한 인간은 신의 형상을 따라 창조한
생명체로 신이 허락한 역사 속에서
능동적이며 신성한 역할을 해야 하는
특별한 존재라고 생각했어.

그러나 다윈은 이 '창조론'을 반박했어.
생물의 종들은 고정되어 있지
않으며,

?

창조론 보다는
진화론 이야

종의기원

각각 별개로 창조되지도
않았으며, 자연 선택의
과정 속에서 진화한 것이지,
신의 계획 따위는 없었다는 거야.

윌리엄 페일리(William Paley, 1743년~1805년)

페일리의 주장은 자연과학과 기독교가
동전의 양면이라는 사상을 심어 주었어.

다윈조차도 처음에는
길에서 발견된 시계는
그것을 만든 시계공의
존재를 암시하는 것처럼,

딱정벌레나 나비는 창조주의 존재를
보여 주는 것이라는 페일리의 주장을 믿었거든.
?

이런 시대적 분위기에서 다윈의 진화론이 일반 대중들의
생각 속으로 파고드는 일은 쉽지 않았지.
…
NO!!

실제로 다윈의 진화론은 1900년 무렵까지
과학계의 중심에서 한참 멀리 밀려나 있었고,
진화론

진화론이라는
용어조차 이해하는
사람이
드물었단다.
진화론? 그게 뭔가요?
먹는 건가요?
TBC

파리 왕립 식물원의 원장이자 뉴턴의 과학을
프랑스에 선도적으로 소개한 박물학자
뷔퐁이란 사람이 있었는데,

뷔퐁(Buffon, 1707년~1788년)

프랑스 출신의
박물학자 라마르크도
종의 진화를 이야기했어.

라마르크(Lamarck, 1744년~1829년)

라마르크는 1809년에 출간한
『동물철학』이라는 책에서

생물이 계속 사용하는 구조와 기관은 발달하고 그렇지 않은 기관은
퇴화한다고 주장했는데, 이것을 '용불용설(用不用說)'이라고 해.
내 꼬리가
어딨지?

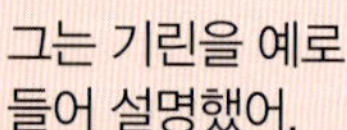

그는 기린을 예로
들어 설명했어.
아주 먼 옛날에는
기린도 키가 작은
동물이었을 테죠.

높은 곳에 있는 먹이를 먹기 위해 목을
계속 사용한 결과 지금의 기린처럼
목이 길어졌다는 거야.

또 생물의 종이 변할 수 있고
개
늑대

생물이 살아가는 동안 변화된
형질(획득형질)은 자손에게 유전된다고 했지.
미안
하다.

라마르크의 생각은 설득력도 있고
영향력도 컸어. 다윈도 종의
다양성을 설명할 때 라마르크의
생각에서 아이디어를 얻었지.
이야!
이 친구 설득력
있는 친구군.
동물철학

하지만 라마르크가 주장한
획득형질의 유전은 과학적으로
증명되지 못했어.
인정을
못 받다니….

당시에는 유전에 대한
정확한 개념이 없었기
때문에 인정받지
못했었지.

에라스무스 다윈(Erasmus Darwin, 1731년~1802년)

다윈은 1831년 22살의 나이에 학위를 받고
학위 수여식

성직자가 되겠다는 막연한 생각을 하다가
성직자가 돼야지.

남아메리카 지도를 제작하려는 목표로 항해를 떠나는 영국 해군함 비글호에 탑승했어.
2년 동안 항해할 예정이야.

비글(Beagle)호

다윈이 탄 비글호는 원래 남아메리카를 중심으로 인근 지역을 2년 동안 조사하려고 했어.

하지만 남아메리카 대륙뿐만 아니라 태평양과 호주, 그리고 아프리카 최남단인 희망봉을 돌아서 5년 동안 세계 일주를 했지.

사실 항해 기간이 늘어난 것은 다윈에게는 아주 다행스러운 일이었지.
여행을 오래도 했군.

비글호가 남아메리카 대륙의 가장 남쪽에 있는 파타고니아 지역을 탐사했을 때, 그곳에서 발견한 말의 화석을 보고 종의 진화에 대해 관심을 갖게 되었어.
이건 말의 화석이네.

옛날의 말과 지금의 말의 모양이 차이가 많군.

과거의 동물이
시간이 지나면서
지금처럼 변한 게 아닐까?

또 1836년 다윈은
남아메리카 대륙의
안데스 산맥을
탐사했어.
COLOMBIA
EQUATOR
PERU
CAJAMARCA
BRAZIL
Huánuco
Pasco
Junín
Lima
Machu Picchu
Cuzco
Chanchamayo
Puno
Lake Titicaca
PACIFIC OCEAN
BOLIVIA

다윈은 안데스 산맥을 중심으로 양쪽 지방의
기후와 토양이 비슷함에도 불구하고
동물과 식물의 분포가 다른 것을 발견했어.
토양이
비슷하네.
안데스 산맥

그 원인이 안데스 산맥이라고
생각했지.
문제는
안데스 산맥이야.

항해 당시 다윈은 영국의
지질학자인 라이엘의
『지질학의 원리』라는 책을
읽었는데
이 책 어딘가에서
관련된 내용을
본 것 같은데.

그 책에 나온 '동물의 분포는
환경의 변화에 영향을 받는다'라는
내용에서 힌트를 얻은 거야.
역시 환경이 중요해.

중앙아메리카의 에콰도르에서 서쪽으로 약 1,000km 떨어진 바다에 위치한 갈라파고스 군도는 16개의 화산섬들로 이루어져 있는데,

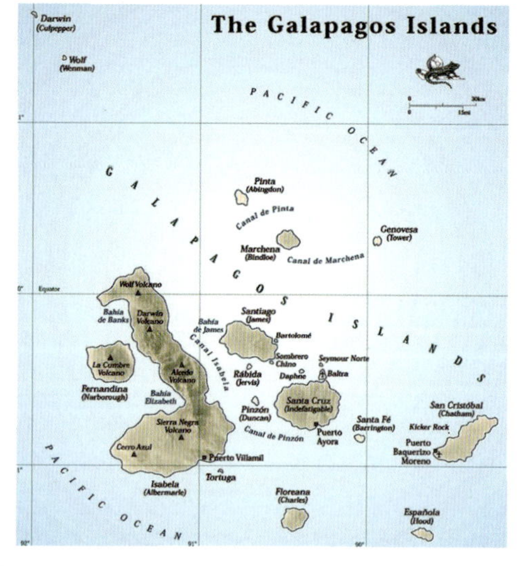

맬서스(Thomas Robert Malthus, 1766년~1834년)

이 과정이 바로 자연선택인데, 자연선택의 과정이 여러 세대에 걸쳐 반복되면 환경에 잘 적응한 생물만 보존되며,

다윈은 『종의 기원』 마지막 부분에서 이렇게 주장했어.
모든 생명체들의 조상을 찾아 올라가면 같은 조상을 만날 것입니다.
하나의 조상

즉 수십억 년의 긴 시간 동안 하나의 원시 생물에서 자연선택이 계속 일어나서 지금의 다양한 생물이 생겨났다는 거야.
어쩌면 인류의 조상을 밝힐 수 있을지도 몰라.

다윈은 1871년 인류의 기원에 관한 책을 발표했어.
인간과 원숭이는 비슷한 점이 많습니다.
우끼 우끼

성장과정에서 감정표현까지 비슷한 점이 많은 것을 보고 다윈은 확신했지.
너와 난 조상이 같을 거야~.
우끼~

인간과 원숭이가 같은 조상에서 분화하여 자연선택의 과정을 거쳐 현재처럼 진화되었을 가능성이 높소.

그러나 다윈의 이런 생각은 많은 사람들에게 큰 반발을 샀어.
원숭이가 조상이라고?!

다윈이 살던 시대에는 과학자를 비롯한 대부분의 사람들은 창조론을 절대적인 진리로 믿고 있었지.

창조론에서는 하나님이 생물들을 창조한 이후 현재까지 변하지 않고 그대로 유지되었으며 지구의 나이도 6,000년 정도로 짧다고 주장해.
God

그런데 다윈이 이 창조론을 완전히 부정하는 자연선택설을 발표했으니 그 파장이 매우 컸지.
으악
파장

만약 다윈이 중세에 태어났더라면 종교재판에 넘겨져 화형당했을지도 몰라.
살려 줘~.

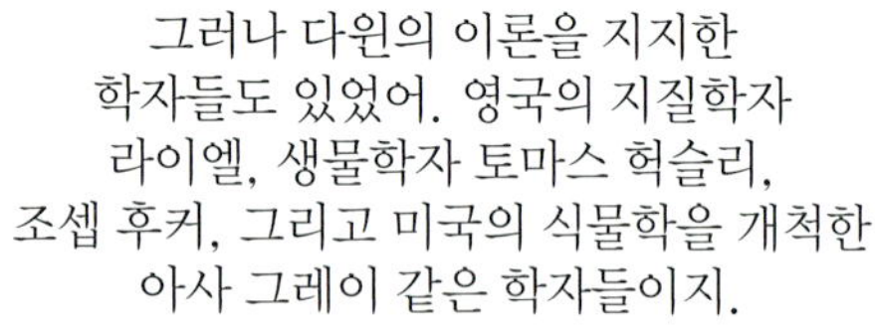

그러나 다윈의 이론을 지지한 학자들도 있었어. 영국의 지질학자 라이엘, 생물학자 토마스 헉슬리, 조셉 후커, 그리고 미국의 식물학을 개척한 아사 그레이 같은 학자들이지.
진화론을 지지합니다.
다윈 '진화론' 지지 연설
라이엘
헉슬리
후커
그레이

다윈은 자신의 학설이 사회에 적용되는 것이 싫어서 생물에 한해서만 설명하려고 했어.
내 이론은 생물에게만 적용 시켜야지.

하지만 다윈의 뜻과는 상관없이 다윈의 이론을 인간 사회에 적용하려는 사람들이 많이 생겼지.

다윈의 진화론은 이제 다윈만의 것이 아니었고, 생물학에만 국한되는 이론이 아니었으며,
진화론
내 건데 어디 가!!

역사나 사회에 큰 영향을 주는 사상이 되었던 거야. 그래서 '다윈 혁명'이라고 한단다.
다 윈 혁 명

허버트 스펜서(Herbert Spencer, 1820년~1903년)

프랜시스 골턴(Francis Galton, 1822년~1911년)

다윈주의가 성경의 권위에 도전한 것은 사실이야.
성경

그래서 이 도전을 불경한 일로 여기는 사람들도 있지.
진화론은 교과서에서 삭제해야 한다.

저는 학생들에게 창조론을 가르치기를 주장합니다.

최근에는 미국을 중심으로 한 기독교 사회에서 '지적설계론'이라는 새로운 유형의 창조론이 등장했어.
이것은 '유신론적 과학'이라는 새로운 용어를 탄생시켰고,

당시의 대통령이었던 부시는 공식적인 자리에서 진화론과 함께 지적설계론을 학교에서 가르쳐야 한다고 주장하기도 했어.

2004년 미국 CBS의 여론 조사를 보면 미국인의 65%가 이 의견에 찬성한다는 걸 알 수 있지.
CBS
65%

이런 움직임은 아직 진화론이 완벽하지 못하기 때문에 생기는 일인 거야.

진화론이 생명의 다양성을 설명하는 것에는 성공했으나, 생명의 시작과 근원을 밝히는 데는 부족하기 때문이야.

그러나 언젠가는 진화론의 바탕 위에서 생명의 근원이 밝혀질 거라고 생각한단다.
진화론

인간은 신을 만들고,
신은 인간을 만들었다?

　진화론의 역사는 생각보다 깊어서 약 2,500년 전까지로 거슬러 올라가야 해. 당시 그리스 철학자 엠페도클레스(기원전 495년~기원전 435년)는 그의 저서『자연론』에서, 모든 생명체는 흙에서 나왔는데, 동물은 식물에서 진화했으며, 몸이 약한 동물이나 환경에 잘 적응하지 못한 동물은 자연의 선택을 받지 못해 이 세상에서 사라졌다고 주장했지. 또한 아리스토텔레스는 모든 동물은 계층적으로 분류할 수 있는데, 위에 있는 동물일수록 아래에 있는 동물보다 진화를 많이 한 것이라고 했어. 예를 들어 뱀은 땅을 기어 다니기 때문에 가장 낮은 단계의 동물이며, 사람은 뛰어난 마음을 가지고 있기 때문에 가장 진화한 동물이라는 거지.

　그러나 그 후 진화론은 오랜 세월 숨어 지내야 했어. 기독교가 서구 유럽의 지배적인 사상이 되면서 신이 이 세상 모든 생물을 직접 창조했다는 창조론을 주장했기 때문이야. 종교 지도자들은 진화론적인 사고조차 허용하지 않았고, 그런 논의는 목숨을 담보하는 위험천만한 일이었어. 이런 분위기는 아주 오랜 세월 이어졌지.

　하지만 17세기 후반부터 사람들의 생각이 달라지기 시작했어. 활동 영역이 전 세계로 확대되면서 세계 곳곳에서 새로운 생물과 화석이 발견되었기 때문이지. 새로운 발견은 새로운 생각을 낳았고, 이는 창조론에 대한 의문으로 이어져 19세기 초 찰스 다윈의 진화론이 등장하기에 이르러.

　다윈은『종의 기원』이라는 저서를 통해 생명체는 신의 의지로 창조된 것이 아니라, 자연의 선택에 따라 진화하면서 지금과 같은 다양한 형태로 발달했다는 것을 과학적으로 증명했어. 사람들은 이로써 창조론의 굴레에서 벗어나 과학적이고 합리적인 눈으로 자연과 생명의 변화를 보게 되었지.

　그런데 최근 미국을 중심으로 다윈의 진화론이 '지적설계론'이라

다윈(Charles Robert Darwin,
1809년~1882년)

불리는 새로운 창조론에 의해 공격받고 있어. 지적설계론은 1989년에 미국의 '사상과 윤리 재단'이 출간한 『판다와 사람에 관하여』라는 책에 공식적으로 등장한 용어로 지적설계론자들은 오늘날의 다양한 생물들은 본래의 특성을 지닌 상태로 어느 날 갑자기 지적인 설계자에 의해 생긴 것이라고 주장했지.

지적설계론이 등장한 까닭은 기독교에서 진화론 교육에 대해 큰 불만을 가졌기 때문이야. CBS가 2004년 말에 실시한 여론 조사에 따르면 미국인의 65%가 창조론을 진화론과 함께 가르치길 원했고, 심지어 37%는 진화론 대신에 창조론을 가르쳐야 한다고 대답했을 정도로 창조론에 대한 열망이 높았어. 이러한 분위기 속에서 지적설계론은 빠른 속도로 미국으로, 또 세계로 전파되었어.

과학자들의 반응은 어땠을까? 처음에 과학자들은 지적설계론을 무시했어. 세계에서 가장 큰 과학자 집단인 미국과학진흥협회는 '지적설계론에는 과학이 없으며 과학적으로 대답할 수 있는 질문조차 없다'라고 했지. 하지만 지적설계론이 시간이 지날수록 사람들에게 호응을 받자 과학자들은 적극적으로 대응하기 시작했어.

대표적인 사람이 바로 영국의 과학자 리처드 도킨스야. 그는 최근 출간한 『만들어진 신』에서 '신은 망상일 뿐'이라고 주장했지. 신은 상상 속의 존재일 뿐인데, 많은 이들이 마치 신이 실재하는 양 착각하고 있다고 했지. 그는 '이성과 과학을 위한 리처드 도킨스 재단'을 만들어 본격적인 무신론 캠페인에 들어갔단다.

지적설계론이 옳은 것일까? 아니면 진화론이 옳은 것일까? 여전히 쉽게 답을 내리기 어려운 질문이야.

리처드 도킨스(Clinton Richard Dawkins, 1941년~)

아인슈타인은 이렇게 말했다!

그 고민 덕분에 나중에 아주 빠른 속도로 달리면서 물체를 보면 멀쩡한 물체의 길이가 줄어들고,
~쌩

무게는 늘어나며,

시간은 늦게 간다는 내용의 상대성 원리를 발견했지.
시간이 왜 이렇게 안 가니!!

내가 과학자의 꿈을 가진 것은 아버지 덕분이었어.
이 다음에 꼭 과학자가 되렴!

내가 다섯 살쯤 되었을 때 아버지가 나침반을 사 주셨는데,
선물이다, 알버트.
나침반 이네요?

난 그 나침반이 너무너무 신기했어.
우와, 엄청 신기하다.

손을 대지 않았는데도 나침반의 바늘은 언제나 자신이 가리켜야 할 방향을 알고 있었기 때문이야.
북쪽은 저쪽이야.

이 나침반이 나를 있게 한 거란다.

나침반의 바늘을 움직이는 신비로운 힘의 정체를 탐구하고 싶었지.

나의 천재적인 과학 능력을 인정받게 된 것은 1905년부터야.
자네가 아인슈타인인가?
그렇소만?

특정 진동수의 빛은 그 진동수에 비례하는 에너지를 갖는 광자로 구성되어 있다는 광양자설,

영국의 식물학자 브라운이 꽃가루의 작은 알갱이가 용액 속에서 끊임없이 움직이는 것을 발견한 데서 이름이 유래한 브라운 운동 이론,

시간과 공간에 대한 이론인 특수 상대성 이론 등을 잇달아 발표하면서 주목받게 되었고.
저 우주선 안의 시간과 내 시간이 같을까?

1916년에는 그동안의 과학적 이론의 틀을 통째로 바꾸는 혁명적인 이론인 일반 상대성 이론을 발표했단다.
일반 상대성 이론

또한 이 이론이 나중에 사실로 증명되면서 뉴턴 이후 최고의 과학자로 급부상했지.
아니 어느새
뉴턴의 업적
아인슈타인 업적

아인슈타인 하면 곧 '상대성 이론'이 떠오를 정도로 '상대성 이론'은 나의 대표적인 업적이지.
상대성 이론

그런데 '상대성 이론'에는 두 가지가 있다는 걸 알고 있니?

하나는 '특수 상대성 이론'이고, 또 하나는 '일반 상대성 이론'이야.

당시 과학자들은 뉴턴에 의해 완성된 고전 물리학의 모순 때문에 무척 고민하고 있었어.
분명 이상한데 말야….
그것 참 고민되네.

뉴턴의 고전 물리학은 대부분의 운동하는 물체에는 잘 적용이 되었는데,

빛의 운동에는 전혀 맞지 않았던 거야.

무슨 말인지 자세히 설명해 줄게.

뉴턴의 운동 법칙에 따르면
빛을 같은 속도로 쫓아가면서 관찰할 때는
빛이 정지해 있는 것처럼 보여야 해.

상대 속도가
0이라는 뜻이지.

즉 100km/h의 속도로 달리는 자동차에서 같은 속도인
100km/h로 달리는 자동차를 보면

그 자동차가
마치 정지한 것처럼
보인다는 말이야.

그런데 맥스웰이라는 과학자가
과거에 빛의 운동에 대해
실험으로 증명한 적이 있어.

빛(또는 전자기파)은 결코 멈추거나
느려지는 일 없이 언제 어떻게
보더라도 빛의 속도로
이동한다는 것이지.
빛

그는 우주 어디에도 정지한 빛은
존재하지 않는다고 했어.
빛

이렇게 뉴턴의 과학에 치명적인 허점이 생겼고,

과학자들은 이 문제에 대해 계속 고민을 했는데,

이 모순을 명쾌하게 해결한 것이 특수 상대성 원리였어.
해결
깡

이 세상의 모든 운동은 '상대적'이란다. '상대적'이라는 뜻을 쉽게 말해 줄게.

고속 전철을 타고 달리는 사람이 볼 때, 레일 옆의 가로수는 뒤로 움직이는 것처럼 보이지만,
쌩~

가로수 옆에 있는 사람이 보면 가로수는 제자리에 서 있을 뿐이야.

또 고속 전철 안에 있는 사람이 탁자에 놓인 사이다 병을 볼 때 사이다는 멈춰 있지만,

바깥에 있는 사람이 보면 고속 전철 안에 있는 사이다 병은 고속 전철과 같은 속도로 달리는 것처럼 보이지.

즉 세상의 모든 운동은 상대적이라는 것이지. 그래서 상대성 이론이라는 거야.
Korea

나는 특수 상대성 이론에 대해 간단하게 정리했어.
상대성 이론

서로 다른 운동 상태에 있는 관찰자들은 시간과 공간에 대하여 동일한 관측 결과를 얻을 수 없다.

다시 말해 빛이 달리는 것과 빛의 속도로 달리는 관측자는
빛

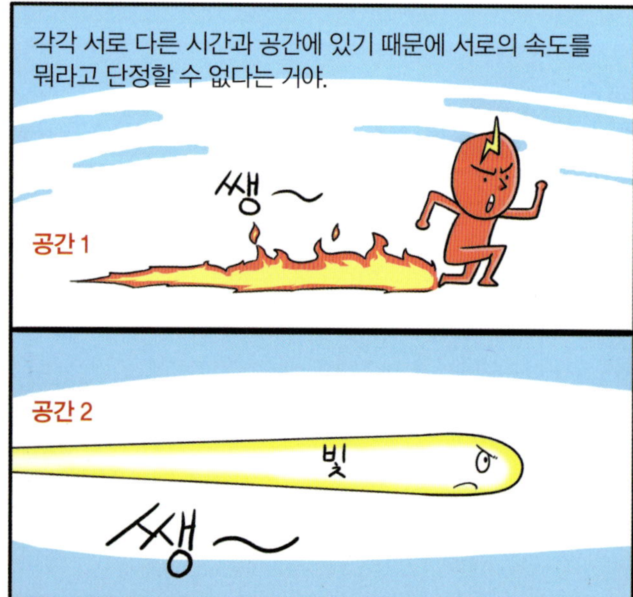

각각 서로 다른 시간과 공간에 있기 때문에 서로의 속도를 뭐라고 단정할 수 없다는 거야.
쌩~
공간 1
공간 2
빛
쌩~

따라서 빛의 속도로 달리는 관찰자가 빛을 보았을 때 상대 속도가 0이 아닐 수 있다는 것이지.

하지만 우리는 이 내용을
쉽게 이해할 수 없어.

불행하게도 특수 상대성 이론은
우리 생활 속에서 경험할 수 없는
일들이기 때문이지.

상대론적 효과는 움직이는 속도가 아주 빨라야
나타나는데, 빛의 속도에 비하면 비행기나
자동차는 달팽이보다 더 느린 셈이니 말야.
안녕
굼벵이들

다시 말해 지구 위에서 운동하는 것들을 보는 사람들은
모두 각각의 고유한 시공간을 가지고 있지만,

워낙 느리기 때문에
그 차이를 느낄 수 없는 거지.

이 상대론적인 생각을 바탕으로 하면
빛은 모든 관측자에게 항상 일정한 속도로
움직이는 거야.
Hi~
빛

이것을
'광속도 불변의 원리'
라고도 해.
일정한 속도

아주 빠르게 움직이는 물체에서 바깥을 관찰하면
길이가 줄어드는 '길이 수축 현상'이
일어나는 거야.

예를 들어 빛의 속도의 50%로 움직이면서
길이가 100m인 줄을 보면
줄은 약 86.5m로 줄어 보이는데,
FINISH
86.5m
100m

줄 옆에 있는 관찰자에게는 그냥
100m로 보이겠지.
숭 —
?
또 빛의 속도의 99%로
달리면서 보면 줄은
14m의 길이로 보이는데,
99% 스피드 업
숭
FINISH
14m
100m

빛의 속도로 달리면서 보면 줄이 0m로 보인다는 거야.
하지만 빛의 속도로 움직일 수 없기 때문에
이런 현상을 볼 수가 없지.
100% 속도
파워업
FINISH
0m
100m

또 아주 빠르게 움직이는 물체에서는 시간이 천천히 가는
'시간 지연 현상'이 나타나.

GPS : 인공위성을 이용하여 자신의 위치를 정확히 알 수 있는 시스템.

현재 위치를 지도상에 표시해 주고
목적지까지 길을 안내해 주는 기계인데,

이때 GPS 신호는 하늘에 떠 있는
인공위성에서 오는 거야.

GPS에서
가장 중요한 자료는
시간과 거리인데,
거리 ±
시간 ±

시간이나 거리에
오차가 클수록
정확도가 떨어지기
때문이지.
거리

그래서 GPS 인공위성에는
3개의 원자시계가 탑재되어 있어
아주 정확하게 시간을
측정하고 있단다.

아무리 빨리 달리는 비행기나 자동차라도 GPS의 신호와
초속 3cm 정도의 오차밖에 나질 않지.

그런데 문제는
인공위성 안에 있는
원자시계와 지상에 있는
원자시계의 시각에
차이가 생긴다는 거야.

인공위성은 빛의 속도와는 비교가 안 될 정도이지만, 그래도 꽤 빠른 속도로 움직이고 있거든.

그래서 특수 상대성 이론의 시간 지연 현상이 적용되는 거야.
특수상대성 이론

과학자들의 계산에 따르면 인공위성 속의 원자시계는 지상의 원자시계보다 아주 조금씩 느리게 간대.

이 현상은 나의 이론이 옳다는 걸 뜻해.
헤헤

지금부터는 일반 상대성 이론을 이야기해 볼까? 특수 상대성 이론의 주제가 빛이었다면,
팟!

일반 상대성 이론의 주제는 '중력'이야. 뉴턴이 중력의 존재를 밝혔다면,
EARTH

나는 중력이 존재하는 이유를 설명했어.
중력의 존재

강력한 블랙홀 후보인 백조자리의 X-1 상상도 ⓒESA

1917년에 나는
일반 상대성 이론의 근거로
이렇게 주장했어.

우주는 끝없이
커다란 공처럼
생겼으며,
팽창이나 수축을
하지 않는다.

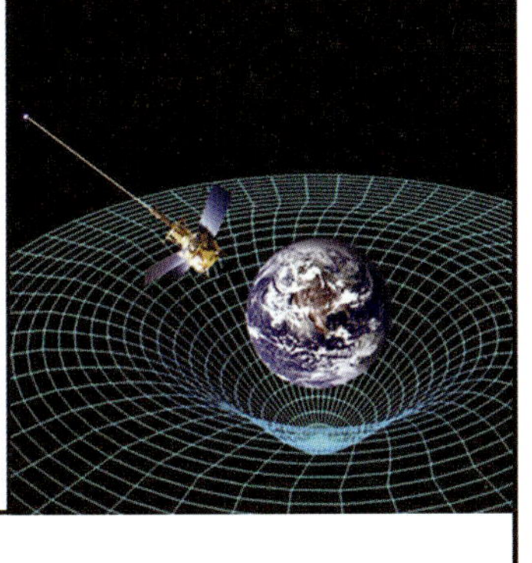

난 중력이 시공간을
휘게 한다는
일반 상대성 이론을
우주에 적용시켜,
모든 은하들의 중력이
우주 공간 전체를
휘게 만드는 모습을
상상했지.

또 우주가 팽창이나 수축과 같은
진화 과정이 없이 정지해 있는
'조용한 우주'라고 생각했어.
조용한 우주

내가 우주론을 세울 당시엔
우주가 팽창하는 역동적인
존재라는 것을 꿈에도
상상할 수 없었기 때문이지.
팽창
빅뱅
팽창하는 우주

그런데
우주는
멈춰 있을 수
없었어.

우주의 중력으로 은하들이 서로
끌어 당기기 때문이야.

따라서 정적인 우주에서는 은하들이 서로 잡아당기는 힘, 즉 중력 때문에 한 곳으로 모여들다가

어느 순간 바로 붕괴해야 한다는 모순이 생긴 거야.
난 이 모순을 해결하기 위해 은하들 사이에는 서로 끌어당기는 힘인 중력 이외에도

반대로 밀어내는 척력이 작용하고 있을 거라고 주장했어.
척력

조금은 억지스럽지만,

기존의 이론대로라면 언젠가는 붕괴할 은하들 사이에 중력과 반대되는 척력이라는 힘을 넣어
척력

우주의 붕괴를 막아 보겠다고 생각한 거야.
우주 붕괴

이러한 나의 발상은 당시의 과학자들로부터 반발을 샀지.
억지 주장이다!

과학자들은 고집스럽고 잘난 척하는 나의 바보 같은 실수라고 비웃었어.
흠흠
실수라고 말하시오!

그런데 최근에는 조금 경향이 달라지기 시작했어.

100년도 채 되지 않아 암흑 에너지의 존재가 조금씩 밝혀지기 시작하면서,
암흑 에너지

과학계는 다시 한 번 나의 천재성에 관심을 갖게 되었지. 음핫핫!

천문학자들에 의해 우주를 팽창시키고 있는 힘인 신비한 '암흑 에너지(Dark Energy)'가 존재한다는 것이 받아들여지면서 척력이 존재할 수도 있다고 생각하게 되었거든.
암흑 에너지는 있소.

중력과는 반대로 작용하는 암흑 에너지라는 미지의 힘이 우주의 은하계들을 점점 빠른 속도로 서로 멀어지게 만들기 때문이지.

아무도 생각하지 못했던 상대성 원리라는 새로운 과학 덕분에
상대성 원리

우주가 움직이는 원리를 좀 더 정확하게 알게 된 거야.

그래서 사람들은 상대성 원리를 현대과학의 토대라고 한다.
상대성 원리

우리의 만남은 대체 어디서부터 잘못됐을까?

현대 사회에서 과학은 사람들의 삶 깊숙이까지 들어와 있어. 사람들의 생활은 과학이 만든 결과물에 크게 관련되어 있지. 유전자 변형 식품을 먹어도 괜찮은지, 지구온난화로 우리는 어떤 어려움을 겪게 될 것인지, 자외선 차단 크림을 발라야 하는지 등등이 여기에 해당된다고 보면 돼.

국민들이 이와 같이 과학과 관련된 일에 대해 올바른 판단을 하도록 도와주는 것은 바로 언론이 할 일이야. 그렇다면 언론이 과학에 어떤 역할을 하는 것이 좋을까?

먼저 언론과 과학의 성공적인 만남을 알아볼까? 1993년 미국과학진흥협회의 셔우드 롤런 회장은 과학의 발전에 언론이 대단히 중요한 역할을 한다고 말했어. 그 후 미국에서는 과학 관련 기관들이 언론을 통해 과학을 선전하기 시작했지. 미국의 과학계가 이런 일을 하게 된 데는 중요한 이유가 있었어.

노벨상 수상자인 케네스 윌슨은 1985년에 미국의 국립과학재단을 설득해서 자신이 추진 중인 슈퍼컴퓨터 프로젝트를 지원받았는데 국립과학재단을 설득하기 위해 국립과학재단 자체보다는 언론을 활용했어. 윌슨은 '국가적으로 지원되는 프로그램이 없다면 미국은 슈퍼컴퓨터 기술에서 적대적인 국가나 유럽에 대한 우위를 상실하게 될 것이다'라는 경고성 발언을 은근히 언론으로 흘렸고 언론의 반응은 뜨거웠지. 각종 언론 매체는 노벨상 수상 과학자의 말의 비중 있게 다루어 윌슨의 슈퍼컴퓨터 프로젝트를 국가가 지원하지 않으면 큰일이 일어날 것이라는 강력한 이미지를 국민들에게 심었고 그 결과 의회는 국립과학재단을 통해 윌슨의 프로젝트를 지원하도록 한 거야.

윌슨의 행동을 본 과학자와 과학 단체의 태도는 점점 변해 갔어. 거대한 과학 연구 프로젝트를 성공적으로 진행하기 위해서 기업의 지원이나 정부 자금이 절대적으로 필요한 미국의 과학자들이 자금을 성공적으로 따내기 위해서는 대중 매체

케네스 윌슨(Kenneth Geddes Wilson, 1936년~).

를 통해 전국적으로 유명세를 얻는 것이 중요하다고 생각하기 시작한 거지. 미국의 과학 단체들은 뉴스 전달과 홍보를 담당하는 부서를 설치했고, 특히 미국화학회는 전문 과학 필자를 고용해 과학 논문을 일반 대중들의 눈높이에 맞도록 쉽게 고쳐 서비스 하는 일을 하기도 했어. 이러한 경향은 성공적인 결과를 낳았어. 대학이나 연구 단체는 좋은 학생과 교수를 끌어 들여 연구에 드는 돈을 지원받았고, 새로운 과학 연구에 대중적 정당성을 확보할 수 있게 되었지.

반면 과학과 언론의 잘못된 만남도 있어. 우리나라 서울대학교에서 줄기세포를 연구하던 황우석 박사가 논문 조작이라는 불명예스러운 일에 휘말렸고, 일부는 사실로 판단되었어. 그 일로 황우석 박사는 일선에서 물러났고, 과학자와 과학에 대한 일반인들의 불신이 팽배해졌지.

이 일은 연구의 내용을 잘 몰랐던 언론이 과학을 지나치게 상품화했고, 대중들이 언론의 보도에 맹목적으로 호응을 했기 때문에 생긴 일이야. 과학언론은 획기적인 성과와 스타 과학자를 부각하려 했고, 여기에 잘못된 과학 풍토가 합쳐져 이런 불상사가 생긴 것이지.

오늘날 사람들은 과학 지식과 기술 정보를 얻을 때 직접적인 경험이나 공식 교육보다는 신문이나 방송 같은 언론 매체의 역할에 크게 의존한단다. 과학언론은 사실상 일반인들에게 유일한 정보의 원천이라고 해도 과언이 아니라고 할 수 있지. 따라서 과학언론의 사회적 역할이 무척이나 중요해. 언론은 과학과 관련된 특정 쟁점에 관해 균형 잡힌 정보를 제공함으로써 시민들과 정책 결정자들이 올바른 판단을 내릴 수 있도록 도와주어야 하겠지.

MBC 〈PD 수첩〉에서 황우석 박사의 연구에 의문을 제기했다.

10장
과학과 기술의 융합이 만들 미래는 어떤 모습일까?

상형문자
왕의 두상
전차 그림
수메르의 뛰어난 과학은 수학과 천문학 지식의 형태로 시작되었지.
눈부신 문명을 이룩한 수메르의 유물들

과학의 시작이 수학과 천문학인 것은 과학을 건축과 농업에 이용하기 위해서였어.
지구라트 – 메소포타미아의 각지에서 발견되는 고대 수메르의 건축물

어떤 의미에서 보면 과학은 기술 발전에 보조역할을 한 셈이지.
기술
과학
과학

이렇게 보면 응용과학이 순수과학보다 먼저 시작된 것이라고 할 수 있어.
선배 먼저 출발한다~.
순수 과학
응용 과학

특히 응용과학은 강력한 중앙집권 권력을 가진 국가가 등장할 때마다 비약적으로 발전했어.
응용과학을 대령하라!!

중국이 그 좋은 예야.

중국은 오래전부터 중앙집권적인 권력 구조 안에서 나라를 운영했는데,
CHINA

그래서인지 과학기술의 발달이 다른 지역보다 빨랐어.
빠
밤
훗!
중국 과학
과학
과학

인류 문명에서 가장 중요한 역할을 했던 나침반, 종이, 화약, 인쇄술 등이

모두 중국에서 만들어진 것도 이유가 있었던 거야.

반면에 순수과학은 국가 권력의 힘이 약했던 나라에서 발전했어.
순수과학

대표적인 예가 고대 그리스야.

수학, 천문학, 생물학 등 서양 과학의 뿌리가 된 그리스 과학은
수학
종의 기원

중앙집권적인 강력한 권력이 없었기 때문에 가능했던 셈이지.
무늬만 왕이냐!!

루이 14세(1643년~1715년)

그 기관의
회원 명부를 보면,
회원 명부

마치 17세기 후반과 18세기 과학계 전체의 인명사전을
보는 것 같아.

파리 왕립 과학 아카데미의 탐험과 과학적 연구는
겨룰 경쟁자가 없었으며, 출판물도 따라올 상대가
없었어.
출판사

하지만 이것도
상대적인
일이었지.
프랑스의
과학이
다른 나라에
비해 지원을
많이 받았고,
ENG
FRC
GER

많은 발전이 있었지만,

다른 학문에 비해서는
보잘 것이 없었거든.
다른 학문
과 학
다른 학문

파리 과학 아카데미가
17세기의 마지막
수십 년 동안 심각한
재정난을 겪은 것을 보면
잘 알 수 있지.

오히려
순수예술 아카데미와
문학 아카데미는
과학 아카데미보다
훨씬 많은
지원을 받았고,

순수예술

문학

과학

과학 아카데미 회원은
문학 아카데미나
순수예술 아카데미
회원에 비해 사회적
지위가 낮았단다.

난 순수예술
아카데미
회원이라고.

난
문학.

난 과학
아카데미
회원이라
지위가
낮군.

하지만 당시
프랑스의 과학은
서양 과학 발전의
중요한 토대가
되어,

서양과학

17세기 이후에는 과학이
눈부시게 발전할 수
있었단다.

슈웅

과학
발전

17세기

18세기

인구 비율로
비교해 본다면,

과학에
전문적으로 종사하는
사람들의 수가
무척 빨리
늘어나게 되었지.

우리 마을 전체가
과학자라오.

과학자
마을

과학자들의 수를
기준으로 보면

그 규모가 17세기 이후
15년마다 2배로 증가하여,
17세기 이후

1960년대에 이르러서는 전체적으로 약 100만 배
증가했다고 해.
과학자 수

1960년대 이후로는
그 증가세가 주춤했지만
양적인 팽창은 여전했어.

이런 배경에는
정부와
정부

산업체들의 입김이 컸어.
19세기와 20세기에
이르러서 비로소
후~

정부와 산업체들이 이론적 연구를
기술과 산업에 응용하는 중요성을
깨닫게 되었거든.
저거 응용할 수
있겠는데?
그러게.
정부
이론적 연구

R&D : research and development

최초의 원자폭탄 '리틀 보이'

오토 한(Otto Hahn, 1879년~1968년)

유럽에서 전쟁이
진행되는 동안
연합국의 물리학자들은,
펑

핵폭탄의 파괴력과,
독일이 핵폭탄을 개발할
위험성을 깨달았단다.
ᅮ

나는 후에 역사적인 날이 된
1939년 8월 2일에,

프랭클린 루스벨트 대통령에게 편지를 보내
이 문제를 거론했고,
이런
엄청난 일이!!

1941년 가을 미국이 제2차 세계대전에
참전하기 전날 밤,
제군들 드디어
때가 왔다!

원자무기 개발을 위한 본격적인 기획안이
통과되었지.
F. 루즈벨트
원자무기 개발
기획안
그 결과
과학사상
최대의
연구 개발
사업이
탄생했어.

맨해튼 프로젝트
(Manhattan Project)라고
이름 붙은
그 사업은
맨해튼 프로젝트

미군 장군
레슬리 그로브스가
총지휘자였고,
레슬리 그로브스

엔리코 페르미(Enrico Fermi, 1901년~1954년)

로버트 오펜하이머(John Robert Oppenheimer, 1904년~1967년)

제2차 세계대전 중에 다른 나라에서도 국가 지원의 응용과학 사업이 크게 발전했어.
우리도 지원합니다.
응용 과학 지원
응용 과학 지원

레이더, 제트 엔진, 최초의 전기 컴퓨터 등이 대표적인 결과물이란다.
JET 엔진
레이더
제트 엔진

전쟁은 과학과 정부 사이의 관계에 새로운 패러다임을 만들었고,
정부
패러다임
WAR

지금도 그 패러다임 안에서 관계가 유지되고 있지.
패러다임

산업과 의학과 군사 기술에서 대규모의 소득을 얻기 위해
산업 기술
군사 기술
의학

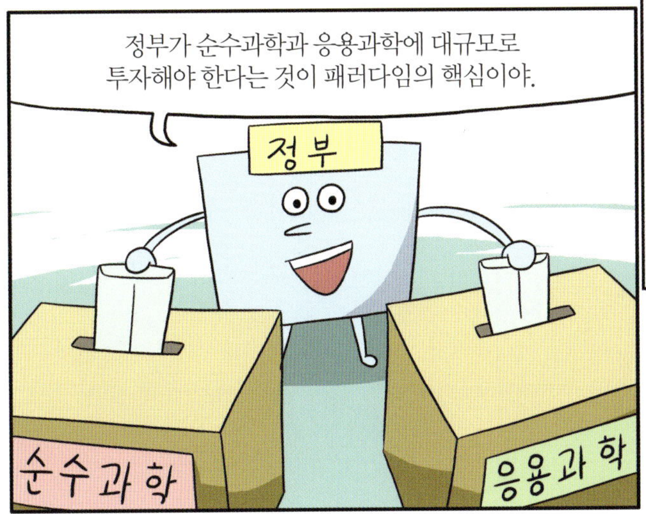

정부가 순수과학과 응용과학에 대규모로 투자해야 한다는 것이 패러다임의 핵심이야.
정부
순수과학
응용과학

이러한 패러다임 안에서 볼 때 맨해튼 프로젝트는 어떤 점에서는 대성공이었지.
맨해튼 프로젝트

그리고 맨해튼 프로젝트는 과학을 하는 새로운 방식,

즉 국가가 중심이 되어 거대한 자본을 투자해서 결과물을 얻어 내는 '거대과학'이 무엇인지를 확실히 보여 주었어.
자본
BIG SCIENCE

19세기까지의 과학은 혼자서 혹은 몇 명의 동료와 함께 작은 실험실에서 하는 일이었지.

그러나 20세기에 핵물리학이 발전하면서
20세기

그 오래된 패턴이 바뀌었어.

거대한 시설과 비싼 장비가 과학 연구의 필수 요소가 되었고,
EXIT

개별 과학자보다는 팀 단위의 과학자들이 모여서 하는 연구가 대세를 이루었어.
연구실

각각의 팀에 속한 연구자들은 복잡한 연구 사업의 한 부분만 담당하는 특수한 과학 노동자가 된 셈이지.

이런 팀 중심 과학에서 나온 논문들은 때로 저자가 수백 명에 이르기도 했어.
논문

〈톱쿼크〉
예를 들어, 1995년에 있었던 '톱 쿼크'의 발견을 보면,

당시 미국 국립 페르미 가속기 연구소의 두 팀에 의해 이루어졌는데, 각각의 팀은 450명의 과학자와 기술자로 구성되어
페르미 가속기 연구소
450명
450명

1억 달러짜리 탐지 장치를 가지고 연구했거든.
1억달러
〈탐지 장치〉

미국의 또 다른 연구 기관인 국립 보건원은 1만 6천 명이 넘는 과학자를 연구원으로 고용하고 있단다.
미 국립 연구소

개인이나 소집단의 연구는 식물학, 수학, 고생물학 같은 여러 분야에서 계속되고 있지만,

입자물리학, 생명의학, 우주과학 같은 분야에서는 정부와 거대 산업체의 지원을 바탕으로 하는 거대과학이 자리 잡았어.
우주과학
생명의학
입자물리학

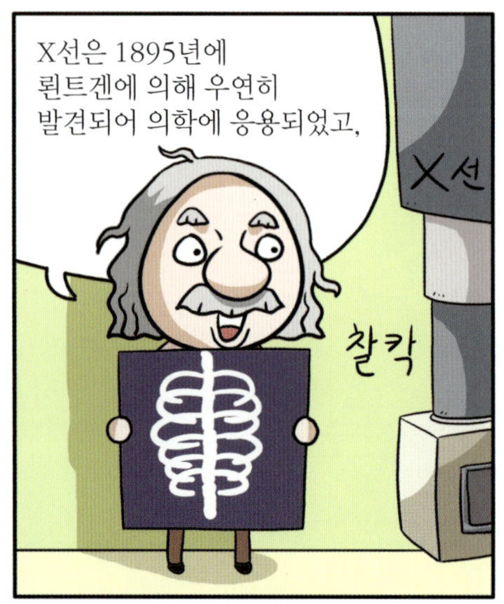

빌헬름 뢴트겐(Wilhelm Konrad Röntgen 1845년~1923년)

그러나 1960년대부터 다른 한편에서 반과학적인 사회 운동의 물결이 일어났어.
과학 반대

원자력 발전소 폭발이나 오존층 파괴의 위협,

AIDS나 에볼라 바이러스 같은 신종 질병의 확산이
AIDS
에볼라

많은 사람들로 하여금 과학의 발전과 혜택에 큰 의구심을 품게 했거든.

그 결과 1960년대와 1970년대 히피 문화가 융성했고, 자연주의자들의 자연 회귀 운동이 일어났지.

지금은 점점 더 많은 사회 활동가들이 환경이나,

쓰레기 재활용과 녹색 정책에 관심을 기울이고 있어.
그린피스

한때 과학자들에게는 궁극적인 진리를 아는 방법은 오직 과학뿐이라는 자부심이 팽배했지만,
과학

오늘날 대부분의 과학자들은 과학의 진리 주장이 상대적이고, 오류가 있을 수 있으며,
과학

자연에 대한 최종적인 연구 결과가 아니라고 생각한단다.

그렇지만 과학과 기술이 서로 융합한 후에
과학
기술

거대과학의 힘으로 현대 세계를 주무르는 막강한 권력을 가지게 된 것은 부정할 수 없는 사실이야.
과학

과학이 우리 인류의 사회적·경제적 삶의 질을 개선한 것은 분명해.
인류의 발전
과학

조지 산타야나(George Santayana, 1863년~1952년)

기차가 달리려면 두 개의 레일이 필요하다!

우리나라에서는 대학교에 진학할 때 크게 인문계와 자연계 두 개의 영역을 두고 선택을 하게 돼. 인문계는 어문학, 인문학, 법학, 사회학, 미학 등을 공부하려는 학생들이 선택하고, 자연계는 수학, 물리학, 화학 등 과학을 중심으로 해서 응용과학인 공학, 의학 등을 공부하려는 학생들이 선택하지. 학생들이 대학에 들어갈 때부터 전공 영역을 구분하는 것은 대학교의 학제가 크게 인문계와 자연계로 나누어져 있기 때문이야.

그런데 인문계나 자연계로 구분된 환경 안에서 어린 학생들이 오랜 시간 편향된 시각을 가지고 공부하는 일은 문화적 갈등을 일으키는 심각한 사회적 문제로 발전할 수 있어. 인문계에 속한 학자들과 자연계에 속한 학자들의 학문을 분석하고 설명하는 방법이나 틀이 매우 다르기 때문이지.

이와 같은 차이가 누적되면서 우리 사회의 문화 양극화가 점점 심해지고 있어. 인문학을 연구하는 학자들과 과학을 연구하는 학자들 사이에 소통이 뜸해지고, 오히려 전문화라는 이름 아래에 갈수록 두 개의 극단적인 집단으로 갈라지고 있기 때문이야. 그래서 우리는 공간적·시간적으로는 하나의 사회에서 살아가면서도, 문화적·정신적으로는 아주 다른 '두 문화 사회'에서 살아가고 있는 셈이지.

그런데 소통이 되지 않거나 소통을 할 수 없는 두 문화가 따로 존재하는 일은 매우 위험해. 특히 과학이 인류의 삶과 죽음을 좌지우지하게 된 현대에는 더욱 그렇다고 할 수 있어. 인문학적 소양이 결여된 과학자 집단이 혹시나 잘못된 선택을 하게 되면 그 결과는 인류에게 치명적이 될 수 있기 때문이야. 대표적인 예가 원자폭탄의 개발이지. 제2차 세계대전 당시 수만 명의 과학자들은 자신들이 하는 일이 어떤 결과를 야기할지 예측하지 못하고 주어진 과학적인 과제를 수행했을 뿐이었어. 과학자들이 발견한 원자력 에너지는 인류를 파괴하는 무기, 핵

폭탄으로 사용되었지.

과학자들은 자신들의 행위가 가져오는 삶과 죽음에 대한 인문학적 고찰이 부족했고, 정치가들은 핵폭탄의 위력이 얼마나 큰지 판단할 과학적 소양이 부족했기 때문에 발생한 일이었어.

그렇다면 두 문화의 간극을 메우고, 갈등을 해소할 수 있는 길은 어디에 있을까? 답은 한 가지, 교육뿐이야. 잘못된 교육 제도가 두 문화를 낳은 원인이라면 교육 제도를 바르게 고쳐 두 문화가 서로의 장점을 잘 유지한 채 하나의 큰 문화로 융합할 수 있도록 해야겠지?

경제 발전을 위해 선택한 지나친 전문화 교육이 두 문화의 괴리를 낳았으므로 이제는 전문화보다는 균형 잡힌 교육이 필요한 시점이야. 인문계는 기초 과학 교육을 강화하고, 자연계는 인문 교육을 강화해야 해.

프랑스의 철학자 알랭 바디우가 '과학은 진리의 절차이고, 이 진리의 절차는 자신이 진리를 생산하고 있는 줄 모른다. 과학이 발견한 진리의 의미와 가치를 제대로 판독해 주는 역할을 하는 것은 인문학이다'라고 말한 바 있어. 인문계와 자연계가 기차의 두 레일이 되어 문명이라는 기차가 곧게 갈 수 있도록 제 역할을 하게 되기를 기대해 보자고.

인문학과 과학이 융합되어야 정약용과 같은 학문의 경계를 뛰어넘은 대가가 탄생할 수 있다.

최재천 교수님은 세계 최고의 나라로 도약하기 위해선 통섭형 인재가 필요하다고 했다.

융합형 인재를 위한 교과서 넘나들기 핵심 노트

넘나들며 읽기

새롭고 창의적인 키워드를 만들어 내기 위해서는 기존의 개념을 잘 이해해야 합니다. 창의적인 것이란 이 세상에 존재하지 않는 것을 만들어 내는 것이 아니라 기존의 것들을 잘 섞고 혼합하여 폭을 넓히면서 만들어지는 것이니까요. 이 책에서 읽은 내용을 바탕으로 창의적인 사고를 펼쳐 볼까요?

종교와 과학의 갈등과 화해!

종교와 과학은 서구 문명을 떠받치고 있는 두 개의 기둥입니다. 그러나 이 두 개의 기둥은 담쟁이덩굴처럼 복잡하게 엉켜 왔어요. 오늘날 종교와 과학 사이의 관계를 가장 잘 보여주는 사례는 진화론과 창조론 사이의 논쟁이죠. 어떤 입장에서 보면 과학의 오만한 제국주의가 인간의 영성에까지 침입하고 종교의 자리를 대신하려고 하는 것이 문제라고 볼 것이고, 반대 입장에서 볼 때 과학과 종교 사이의 갈등은 제자리를 찾지 못한 신앙이 오류를 범한 갈릴레이 재판의 또 다른 모습으로 보일 가능성이 높을 겁니다.

　비종교인의 관점에서 보면 과학은 누구도 시비를 걸 수 없을 만큼 확고한 토대를 확보한 듯 보이는 반면 종교는 비과학적으로 보이기도 해요. 지적설계론의 주요한 노력은 진화론이 과학적으로 불합리하며 지적설계론과 창조 행위가 과학적으로도 증명 가능하다는 것을 보이려는 데 있어요. 종교조차도 어느 정도는 과학의 객관성을 받아들이는 거죠. 그러다보니 과학의 이름을 쓴 종교가 생겨나고 있기도 해요. 사이언톨로지라는 이름의 종교, 라엘리안 무브먼트라는 이름의 외계인 숭배집단은 과학문명에 대한 신뢰가 종교와 결합된 형태를 보여 주고 있습니다.

　이런 상황을 어떻게 보느냐 하는 관점부터가 이미 자신의 가치관이 반영되는 문제입니다. ① 과학기술문명 시대에 위축된 정신적 삶의 황폐화가 만들어 낸 문제라고 보는 관점과 ② 2,000년 전 유목민 시대에 만들어진 종교가 오늘날의 과학기술문명 시대에 맞지 않기 때문에 생겨난 문제라고 보는 관점은 출발점부터 다른 것이죠.

　그래서 어떤 이들은 과학에 대한 맹신을 경계하고 종교의 영역을 지키는 방식으로 이 문제를 해결하고 있어요. 제3의 길을 찾으려는 입장에서는 ① 종교와 과학이 서로 구별되는 영역이며, ② 우리가 아직 그 통합의 방법을 모르고 있다는 것을 인정하고 ③ 관용의 자세로 기다려 보자는 태도를 취해요.

　이런 입장에서는 과학의 본질은 개방적이고 열려 있는 태도에 있기 때문에 종교는 비과학적이라고 단언하면 안 된다고 해요. 그래서 종교와 과학이 서로 다른 방식으로 진리와 삶에 기여하고 있으므로 겉보기의 충돌을 피하고 일단 따로 분리한 뒤 조화롭게 공존시켜야 한다고 생각해요.

　사실 과학은 역사 속에서 신이나 영혼과 같은 초월적인 존재의 개입을 끌어들이지 않고 기계론적이고 유물론적인 성격을 보여 주었습니다. 그러다

보니 종종 정신적 삶의 가치를 경시하는 방향으로 흐르는 듯 보여요. 하지만 과학도 아름다움이나 신성함의 느낌과 뗄 수 없는 것이죠. 과학을 통해 드러나는 우주는 아름답고 그 질서는 경이롭다고 보니까요.

하지만 과학이 본격적으로 윤리나 도덕의 문제를 해결해 주지는 못해요. 예를 들어, 과학은 인간의 수정부터 탄생까지의 과정을 엄밀하게 연구할 수는 있지만 어디서부터 사람으로 간주해야 하는지 직접 결정하지는 못해요. 그에 비해 종교는 인간의 삶에 가치를 부여해 주는 원천 중 하나로 중요한 문화로 존재해 왔고 현재도 그렇지요. 따라서 종교는 예술, 문화, 도덕, 윤리 등과 뗄 수 없는 것이 되었어요. 종교의 이러한 측면을 중요하게 생각하는 사람은 과학의 이름으로 이러한 풍부한 정신적 삶을 파괴하면 안 된다고 말할 수 있을 거예요. 다른 입장에서 보면 종교가 신앙의 이름으로 합리적인 사고를 위협해서는 안 되겠지요. 종교의 이름으로 과학에 반대하는 일이야말로 종교와 과학 사이의 근본적인 문제였으니까요. 종교와 과학이 어떻게 바람직한 관계를 맺을 수 있는지 모두가 고민해 보아야 할 거예요.

• 왜 중세와 근대의 교회는 천동설을 지키고 지동설을 받아들이지 않았을까요?
그 이유를 알아보아요.

• 종교나 과학이나 '믿음'일 뿐이라는 말을 설명해 보아요.
절대적인 진리가 없다고 한다면 서로 관용의 태도를 가져야 하는 이유가 무엇일까요?

창의적 독서란 책이 주는 정보를 정보 그대로 이해하는 것이 아니라 자기 것으로 만드는 독서를 일컫는 말입니다. 이 책에서 넘나들기를 한 분야 외에 세상의 많은 분야와 정보가 모두 이 책을 중심으로 뻗어나갈 수 있을 것입니다. 이 질문은 여러분들이 창의적인 상상을 할 수 있도록 도와주는 것들입니다. 최선의 답은 있으나 정답이 있는 것은 아닙니다. 책의 내용과 관련지어 다음과 같은 질문들에 간단하게 생각을 해 봅시다.

예전에 과학이 발달하기 전에는 비과학적인 신화와 미신이 있다고 생각하기 쉬워요. 하지만 풍습에도 놀라운 과학적 합리성이 숨어 있답니다. 예를 들어, 아이가 태어나면 우리나라에서는 문 앞에 새끼줄로 금줄을 꼬았어요. '액막이'라고 부르면 미신 같지만 저항력이 약한 아이에게 외부인의 접촉을 막기 위한 합리적인 풍습이었답니다. 전통 문화 중에서 이런 과학적인 사고가 숨어있는 사례를 더 찾아보아요.

어려우면 식생활에서 찾아보아요. 인도는 예로부터 소를 숭배해서 잡아먹지 않았답니다. 소는 사람의 식량을 축내지 않고 풀을 먹고 자라며, 일을 할 수 있고, 연료이자 건축재인 소똥을 만들어요. 소고기를 먹으면 그것을 대신하기 위해 더 많은 것들이 필요해지기 때문에 소를 숭배하는 미신은 매우 합리적인 선택이었습니다.

똑똑한 칠면조 한 마리가 있었습니다. 이 칠면조는 매일 매일 아침 9시에 밥이 나오는 걸 알게 되었어요. 비가 오는 날이건 눈이 오는 날이건 항상 아침 9시에 밥이 나오는 걸 관찰한 이 칠면조는 "아침 9시에 밥이 나온다는 건 진리야. 그러므로 나는 내일 아침 9시에 밥을 먹게 될 거야"라고 예언했어요. 하지만 다음 날 아침 요리를 위해 잡아먹혔기 때문에 그 예언은 실패했어요. 과학에 대해 이 이야기가 알려 주는 교훈은 무엇일까요?

검은 백조라는 이야기가 있어요. 모든 백조는 하얗다고 생각했는데, 19세기에 모든 것이 백조와 같지만 검은 색인 백조가 발견되었지요. 이런 것을 '반례', 즉 반대의 사례라고 불러요. 반례가 존재할 가능성을 인정하는 것이 왜 중요한지 한번 생각해 보아요.

과학적 사고란 의심을 많이 품고 확인하는 것이랍니다. 그러기 위해서는 논리적으로 생각해 보는 훈련을 많이 해야 하죠. 다음의 사례들에서 어떤 부분이 잘못일지 찾아서 설명해 보아요.

(가) 단순이 : A학교는 좋은 학교니까, 그 학교에 다니는 내 친구는 공부를 잘 할 거야.

(나) 성급이 : 내가 아는 나쁜 녀석이 A학교를 다니는 걸로 봐서 A학교는 좋은 학교가 아냐.

운동 경기에는 팀워크라는 게 있죠? 협동을 잘하는 경우를 말해요. 선수 한 명 한 명이 뛰어난 운동 능력을 가졌다고 해도 팀워크가 나쁘면 좋은 팀이 되지 못하겠죠? 반대로 우수한 선수는 별로 없지만 팀워크가 좋아서 훌륭한 팀이 되는 경우도 있겠죠?

'위생 가설'이라는 이론이 있어요. 어릴 때 조금 지저분하게 살고 잔병 치레도 하다 보면 몸의 저항력이 생겨나는데, 위생적이고 깔끔한 곳에서 자라다 보면 그럴 기회가 적어져 오히려 아토피 등의 질병에 시달린다는 주장이에요. 아직까지는 주장일 뿐이지만, 이렇듯 과학의 혜택이 오히려 부작용을 가져오는 경우가 있다면 또 어떤 게 있을까요?

운송 수단의 발달부터 리모컨의 발명까지, 생활이 편리해지면서 오히려 운동 부족에 빠지는 경우가 많아지는 것도 한 가지 사례일 거예요. 편리해서 남는 여유를 더 창조적인 일에 쓰지 못하기 때문이죠. 계산기나 컴퓨터의 도움으로 직접 생각해야 하는 수고를 덜다 보니 사고력이 떨어지게 되는 건 아닐까요?

아기가 만들어지는 과정을 알고 있나요? 정자와 난자가 만나서 수정이 되면 자궁에 이 수정자가 자리를 잡게 되지요(착상). 처음에는 하나의 세포에 지나지 않는 수정란은 점점 분열되어 배아(세포덩어리)가 되고, 아홉 달에 걸쳐 자란 뒤 세상에 태어난답니다. 그런데 이 사람의 배아를 연구에 쓰는 것은 허락될 수 있을까요? 자료를 찾아보고 자신의 생각을 정리해 봅시다.

한편으로는 배아 세포의 연구가 불치병 치료에 도움이 될 뿐더러 아직 세포 덩어리에 지나지 않는 배아는 사람이 아니라는 주장이 있는가 하면, 수정이 될 때부터 사람의 생명이 시작되는 거라고 주장하는 사람도 있어요. 관련 자료들을 찾아 양쪽 입장을 정리해 보세요.

이어령의 교과서 넘나들기 과학편

펴낸날	초판 1쇄 2010년 12월 15일
	초판 6쇄 2013년 12월 3일

콘텐츠 크리에이터	이어령
지은이	손영운
그린이	이세경
기 획	손영운
펴낸이	심만수
펴낸곳	(주)살림출판사
출판등록	1989년 11월 1일 제9-210호

주소	경기도 파주시 문발동 522-1
전화	031-955-1350　팩스 031-624-1356
홈페이지	http://www.sallimbooks.com
이메일	book@sallimbooks.com

ISBN	978-89-522-1529-1　03400
	978-89-522-1531-4　(세트)

※ 값은 뒤표지에 있습니다.
※ 잘못 만들어진 책은 구입하신 서점에서 바꾸어 드립니다.
※ 본문에 수록된 도판의 저작권에 문제가 있을 시
　저작권자와 추후 협의할 수 있습니다.